香格里拉秘境系列丛书

香格里拉 秘境之山珍蕈菌

XIANGGELILA MIJING ZHI SHANZHEN XUNJUN

华 蓉 孙达锋 刘绍雄 魏健生 主编

YNK 云南科技出版社

·昆明·

图书在版编目（CIP）数据

香格里拉秘境之山珍蕈菌 / 华蓉等主编. -- 昆明 ：
云南科技出版社，2025. -- ISBN 978-7-5587-5949-9

Ⅰ. Q949.308

中国国家版本馆CIP数据核字第2024CD8630号

香格里拉秘境之山珍蕈菌
XIANGGELILA MIJING ZHI SHANZHEN XUNJUN

华　蓉　孙达锋　刘绍雄　魏健生　主编

出 版 人：温　翔
策　　划：章　沁
责任编辑：秦永红　黄文元
责任校对：孙玮贤
责任印制：蒋丽芬
装帧设计：云南杺颐文化传播有限公司

书　　号：ISBN 978-7-5587-5949-9
印　　刷：雅艺云印（成都）科技有限公司
开　　本：787mm×1092mm　1/12
印　　张：11
字　　数：160千字
版　　次：2025年1月第1版
印　　次：2025年1月第1次印刷
定　　价：268.00元

出版发行：云南科技出版社
地　　址：昆明市环城西路609号
电　　话：0871-64192481

《香格里拉秘境之山珍蕈菌》

编委会

主　　编：华　蓉　孙达锋　刘绍雄　魏健生

副 主 编：彭建生　李建英　纪昌联

参编人员：冯云利　李维薇　任惠云　方　媛　郭　相　游金坤

　　　　　周　汐　张俊波　刘春丽　杨珍福　马　明　王　娟

　　　　　朱　立　熊永生　孙习良　方　晔　罗　俊　杜继宏

　　　　　尚陆娥　罗　熙　刘祈猛　岳万松　张晓华　岳婷松

　　　　　李雪松　高章会　罗孝坤　董　娇　吴　霞　陈正启

　　　　　李嘉林　丁文东　杨璐敏　李　霖　张　琳　王　蕾

　　　　　何　俊　李志勇　刘　林　王晓池　徐向龙　纪　悉

编著单位：中华全国供销合作总社昆明食用菌研究所

　　　　　云南省食用菌产业发展研究院

前　言

香格里拉位于中国云南西北部、青藏高原东南缘横断山脉腹地，迪庆藏族自治州（本书简称"迪庆州"或"迪庆"）东部，滇、川、藏大三角交汇地带，是"滇藏茶马古道"要冲，境内雪山林立、巍峨雄奇，河流密布、湖泊众多，形成了"雪山为城，金沙为池"的雄伟态势。同时，香格里拉坐落于"三江并流"区域的核心腹地，是世界生物多样性最为丰富的地区之一，堪称"地球物种基因库"。

香格里拉是地质景观、生物多样性、人文资源极其丰富的地区，形成了独一无二的地质景观之美、生物多样之美、人文和谐之美。

这里山川骈列，峡谷纵横，千山入云，万水倾泻。
这里景色静美，空气纯净，生态多样，物种丰富。
这里民族交融，安静祥和，闲逸知足，和谐共生。

香格里拉的美，是你没有到过就能感受，是你到过后才能体会的美。
香格里拉的情，是伟大民族的团结，是璀璨文化的交融。
香格里拉的魂，是人与自然的和谐，是天人合一的秘境。

编者团队发现目前关于香格里拉的图书多集中于自然景观、动植物多样性、民族风情等方面，形式和内容较为单一，往往让读者不能全面了解香格里拉秘境的独特魅力。"蕈菌"是生长在森林里的菌菇（大型真菌）的统称，是香格里拉秘境最为神秘和最具吸引力的类群之一。但目前介绍香格里拉蕈菌的图书并不多，有的偏于学术性，艺术性和趣味性不足；有的偏于艺术性，严谨性和科学性不足。因此，编著一本以蕈菌为切入点，兼具艺术性和科学性，全面展示香格里拉地质景观、生物多样和民族风情之美的书籍是十分必要的。

碧沽天池

编者单位中华全国供销合作总社昆明食用菌研究所多年以来一直致力于香格里拉蕈菌方面研究。一是编制了全国首个松茸产业《香格里拉松茸保护与利用白皮书》。二是在白马雪山国家级自然保护区建立了松茸原生境保育区，开展保育区野生菌多样性普查调查，发掘迪庆州特色野生菌种质资源，出版了《白马雪山曲宗贡野生蘑菇图鉴》。三是联合香格里拉市人民政府，牵头制定 GB/T 23—188—2023《松茸》国家标准，推动了迪庆松茸产业标准体系建设，促进了迪庆松茸产业健康发展。四是构建"首席科学家＋科技服务团队＋示范基地＋各类组织＋农户"的一体化服务模式，为迪庆食用菌企业、合作社、农民提供科技服务。本书在编者团队前期丰硕的研究积累基础上，以山珍蕈菌为切入点，从生态篇、蕈菌篇、人文篇等三个篇章展现香格里拉独一无二的美。

本书的出版得到了众多领导、专家、学者、同人的大力支持，迪庆藏族自治州人民政府、迪庆藏族自治州林业和草原局、迪庆藏族自治州农业科学研究院、云南雅乐鲜生物科技有限公司等组织了众多专家、学者提供了大量的文图资料支持，中华全国供销合作总社昆明食用菌研究所编撰组日以继夜通力合作，共同为此书顺利出版作出积极贡献，在此一并表示感谢！

囿于时间和能力水平，书中难免挂一漏万，敬请广大读者批评指正！

《香格里拉秘境之山珍蕈菌》编委会
2024 年 11 月

高黎贡羚牛

目　录

紫罗兰红菇

生态篇

探索蕈菌的秘境

迪庆，意为"吉祥如意的地方"，是人间的净土，是世界的香格里拉

中国西南部，滇、川、藏三省区交界处，4000 万年前大陆板块碰撞，引发了剧烈的地质挤压、隆升和切割，板块褶皱造成高山、深峡、大江交替展布。青藏高原南延，横断山脉壮丽雄奇，峰岭间江河奔腾，"三江并流"的世界奇观造就了极致的美景。迪庆位于这片独特地貌的核心区域，囊括了神奇美丽的地质地貌景观、丰富多彩的生物生命形态、斑斓和谐的多元民族文化以及光辉灿烂的美好未来。心中的日月在这里熠熠生辉，天地之间的迪庆是殊胜之地。

这里山水无极，有着独一无二的自然风光

迪庆州内，雪山林立，巍峨雄奇。北部梅里雪山有太子十三峰，峰峰孤绝，遗世傲然，最高峰卡瓦格博也是世间绝无仅有的胜景，金色阳光铺洒，雪峰洁净，荡涤幽晦。雪峰下，世界稀有的低纬度明永冰川亘古安然，在寂静中展现自然界的气候奇迹。白马雪山铺陈绵延，贯穿迪庆南、北，

澜沧江大峡谷

南姐洛

白马雪山

梅里雪山

庇护万千生灵，宽广中无所不容，细微处尽显人间绝色。碧罗雪山从名字到景色都分外美丽，山里永远有值得探索的风景，永远有未知的奇遇。迪庆中东部的格宗雪山、石卡雪山、哈巴雪山间衔接了大片大片的草甸。在广袤的原野上极目远眺，山峰在远处静默，天地之间层峦叠嶂。

有山的地方就有水，山高水也长。迪庆的高山冰湖寒澈清冷，倒映出林野间的万般颜色，浅绿、深绿、墨绿、翠绿是水的妆容，绿色的色块丝丝缕缕抽出，汩汩流动，泛出白色花朵，是质洁心清的本来面貌。属都湖、碧塔海、碧沽天池、阿布吉措、七彩瀑布、南姐洛都是水的舞台，是迪庆最灵动的精灵。金沙江从青藏高原奔腾南下，河流在哈巴雪山和玉龙雪山比肩深切的峡谷陡然收束，巨流咆哮，波涛汹涌，造就了虎跳峡的雄浑气势。澜沧江由北向南划过迪庆中西部，串联起时而陡峭、时而舒缓的两岸青山，水网支流漫延，如碧色血脉灌溉土地、带来一方丰饶。西边的怒江斜斜穿过州境，与澜沧江、金沙江隔高山并行，三江之间直线距离最短的地方只有 76 千米，形成了"三江并流"的世界奇观。

迪庆的风景里总有扑面而来的惊喜，无论是古城朝晖、夕韵悠长，还是轻风残雪、枕星而眠，总有满天星辉为你而亮。

这里生态文明，生物众多，是举世闻名的物种基因库

迪庆是我国生物多样性最为富集的地区之一，也是世界上生物物种最为丰富的地区之一。特殊的地理环境和气候条件使迪庆成为地球

属都湖

云杉林

上生物资源多样性最具代表性的地区之一，堪称"地球物种基因库""动植物王国"。迪庆州所辖面积占我国国土面积不到 0.4%，却拥有全国 20% 以上的高等植物种类和全国 25% 的动物种类。迪庆州持续打造生态文明建设高地，深入推进"蓝天、碧水、净土、青山"保卫战，以生态文明示范州的创建为引领，深入推进以高原生态森林城市为载体的"绿美迪庆"建设，全州森林覆盖率已从 2012 年的 73.95% 提升到 2022 年的 77.63%。

迪庆州内栖息着滇金丝猴、熊猴、豹、云豹、雪豹、林麝、黑麝、高山麝等国家一级保护野生哺乳动物，以及黑鹳、金雕、白尾海雕、白背兀鹫、胡兀鹫、斑尾榛鸡、四川雉鹑、雉鹑、白尾梢虹雉、黑颈长尾雉、绿孔雀、黑颈鹤和丹顶鹤等珍稀鸟类；还有国家一级重点保护物种云南红豆杉、高寒水韭、银杏、光叶珙桐等植物。迪庆是世界著名的高山花卉基地，每年春暖花开，绿毯般的草甸上、幽静的森林中、湛蓝的湖边，到处都是"花的海洋"，200 多种杜鹃、近百种龙胆、报春及绿绒蒿、杓兰、百合等野生花卉将迪庆装点成"天然花园"。"花园"里盛产冬虫夏草、羊肚菌、松茸等野生食药用蕈菌，以及白雪茶、红雪茶、贝母、天麻、当归、雪莲花、藏红花、红景天等珍贵野生药材。

滇金丝猴

高山杜鹃

硫磺绿绒蒿与高山杜鹃

美丽绿绒蒿

美丽绿绒蒿

水母雪兔子

松茸

乳菇

金耳

喜山丝膜菌

变绿红菇

褐孔皱盖牛肝菌

冷菌

美味蜡伞

乳菇

绒斑条孢牛肝菌

网盖牛肝菌

羊肚菌

第二节 自然地理之美

一、地质地貌的辉煌印记

迪庆藏族自治州地处印度板块与欧亚板块的交汇处，经历了特提斯洋的多期洋—陆俯冲和新生代以来的陆—陆碰撞，特提斯海洋的闭合过程，驱动了印度板块以北—北—东的方向向欧亚板块俯冲，造成了强烈的地壳变形，印度板块的持续向北推进导致欧亚板块边缘的地壳发生缩短和增厚，使这一地区大规模地抬升并产生强烈的构造变形，形成了世界上压缩最紧、挤压最窄的巨型横断山复合造山带。横断山脉自东而西主要有岷山、邛崃山、大雪山、沙鲁里山、芒康山、他念他翁山、伯舒拉岭—高黎贡山 7 条山脉。最高峰大雪山主峰贡嘎山海拔 7508.9 米，金沙江、澜沧江和怒江最近处直线距离 76 千米，形成了"两江隔一山""两山夹一江"的世界级唯美地质地貌景观。

迪庆有梅里雪山、白马雪山和哈巴雪山、巴拉格宗等北半球纬度最低的雪山群，并拥有明永、斯农等罕见的低海拔（海拔 2700 米）现代冰川。神女千湖山、碧塔海、硕都湖、纳帕海、天鹅湖等高山湖泊是亚洲大陆最纯净的淡水湖泊群，大、小中甸和属都湖等秀丽草甸占迪庆州土地面积的 1/5。

哈巴雪山

白马雪山

白马雪山

板块相互作用导致的地壳运动和岩浆活动共同塑造了香格里拉地区冰川岩谷并存、群山连绵起伏、湖泊星罗棋布、河流织网交错和"三江并流"独特地貌特征，从而有"地质地貌博物馆"之称。

（一）山地地貌

迪庆有最辽阔的地貌形态，全州有海拔 2500～4000 米的山地面积 15617 平方千米，海拔 4001～6740 米的山地面积 5656 平方千米，二者占全州总面积的 89.12%。最高点德钦县梅里雪山主峰卡瓦博格，海拔 6740 米，最低点维西县维登乡碧玉河入澜沧江口，海拔 1486 米，高差 5254 米。梅里雪山山脉、云岭雪山山脉、中甸雪山山脉，山体高大巍峨，自西向东紧密排列，北高南低，千沟万壑，岭谷相间。

梅里雪山北起德钦曲龙巴拉古垭口，南至 5168.6 米峰之北，沿岭脊长约 14 千米，往东沿红里河至澜沧江，宽 10～15 千米，面积约 200 平方千米。岭脊及东近侧基岩为石炭系变质岩，往东有侏罗系、白垩系红层，二叠系、三叠系碎屑岩及火山岩。

云岭挟持于澜沧江、金沙江之间，呈近南北向，纵贯德钦、维西 2 县。自德钦羊拉乡至维西最南端产米头，南北长约 262 千米，宽 26.5～50 千米，北高南低，海拔 5000 米以上山峰 132 座。

白马雪山

巴拉格宗雪山

中甸大雪山，四川省甘孜藏族自治州称沙鲁里山，沿金沙江东侧进入云南后称中甸大雪山。西至北起中甸桑东，西、南及南东，以金沙江为界，是金沙江干流与支流小中甸河、冲江河的分水岭，往南越过金沙江与西侧云岭主支汇合继续南延，州内长 220 千米，两端尖窄，中部宽 22～35 千米，最宽处为 43 千米。巴拉格宗高地为海拔最高的地段，沿岭脊有海拔高于 5000 米的山峰 9 座。

（二）"两江"地貌

横断山区的"两江"——澜沧江与金沙江，自北并列南流 350 千米，于丽江石鼓镇与香格里拉南部沙松碧村之间现"长江第一湾"，打破并流格局。澜沧江发源于青藏高原唐古拉山山脉东北麓，自德钦德美桥进入迪庆州，纵贯德钦、维西 2 县，于碧玉河口出州，长约 250 千米，州内流域面积 7059.2 平方千米，与金沙江并列南流，直线相距最近仅约 30 千米。金沙江发源于青藏高原唐

长江第一湾

虎跳峡

古拉山山脉中段，自德钦羊拉乡入州，往南作为香格里拉与德钦、维西和丽江的界河，经"长江第一湾"转至洛吉乡出州，长约430千米，流域面积16810.8平方千米。

（三）峡谷地貌

特殊的地质演化历史造就了迪庆雄伟、险峻、极具震撼力的大峡谷地貌。澜沧江大峡谷，德钦段江面海拔约1800米，直线向上至梅里雪山卡瓦博格峰海拔6740米，形成了澜沧江深谷断裂地带，也是澜沧江最险要的地段。谷地海拔高差4734米以上，从江面到顶峰的坡面距离为14千米，每千米平均海拔上升337米，使峡谷被面呈近垂直状态。

虎跳峡峡谷，雄踞迪庆哈巴雪山和丽江玉龙雪山之间，全长约20千米，最深处高差达到3790米，峡谷两侧是高耸的山峰，海拔为3000～5000米。岩石主要为片岩和大理岩，由于山崩等自然现象，峡谷内形成了多处险滩。在枯水期，江中的巨石裸露，形成了著名的"虎跳石"。虎跳峡分为3段：上虎跳、中虎跳和下虎跳。其中，上虎跳是峡谷中最窄的部分，江面宽度仅20～60米。在上虎跳，一块巨大的岩石将金沙江一分为二，形成了极为壮观的景象。中虎跳以激流险滩著称，而下虎跳则相对平缓，到这里，金沙江水流放缓，两岸景色变得更加开阔。

奔子栏

（四）河谷坝

迪庆州内的"两江"河谷，总体均属于高原深切型河谷，除金沙江局部地段外，很难形成较大的堆积阶地，河谷坝面积较小，澜沧江红山、金沙江奔子栏、上江—塘上坝及"两江"支流永春河、阿东河等为其中较大者，是迪庆州主要农产区。

奔子栏坝北起奔子栏镇能仁，南至争古，沿金沙江两岸展布，长8千米，北部用曲入江处最宽，约2千米，往南逐渐变窄，堆积物以松散沙砾及黏土为主，历来大多用作耕地。

上江—塘上坝北起中甸上江乡开你地，沿金沙江过"长江第一湾"至虎跳峡镇塘上，为迪庆州内最大的河谷坝。上江至金江至塘上段，金沙江侧蚀作用使河谷增宽至4～6千米，现代河床宽250～1000米，两岸形成一系列以砾石、沙砾、黏土及亚黏土为主的冲积平原和阶地，

以及冲积扇、洪积扇。全坝沿江断续长 103 千米，迪庆州内面积约 55 平方千米，是香格里拉市的主要粮食产区。

（五）冰川地貌

迪庆州是云南冰川作用最强烈、冰川遗迹分布普遍、冰川发育典型的地区，也是我国现代冰川活动的最南界限。

古冰川地貌：古冰川活动主要发生在第四纪冰期，这一时期的气候波动导致多次冰川的前进和后退。在迪庆州，古冰川活动主要表现为高山冰川的发育和运动，这些冰川在高山区域形成了大量的冰川堆积物和侵蚀地貌。该地区发生于距今约 1.8 万～2.0 万年的大理冰期，由此留下了大量角峰、刃脊、古冰斗、"U"形谷、冰川擦痕等。冰溜面、冰蚀残丘、羊背石、侧碛和终碛等地貌在迪庆

斯农冰川

明永冰川

州均有分布。

现代冰川地貌：集中分布于太子雪山芒框腊卡至卡瓦格博至面茨姆长约19千米地带，有冰川10余条，面积73.5平方千米，以明永冰川、斯农冰川、纽巴冰川和浓松冰川4条冰川较大。梅里雪山最高峰卡瓦格博峰是迪庆州海拔最高且最为壮观的雪山冰川，其中的明永冰川，是北半球低纬度最南端的现代冰川，其最前端的冰舌延伸至海拔2660米的森林地带。冰川夏季退缩、冬季下延，年平均运动速度达500米以上，不仅在我国，在世界范围内也是运动速度最快的冰川之一。明永冰川大体可分为3段，上段为海拔约3900米的莲花庙遗址以上，坡度大于60°，冰斗、粒雪盆、冰台阶、冰瀑布、冰塔林发育，规模宏大。

中段为海拔3200米左右的太子庙至莲花庙遗址之间，以宽大较缓的冰川谷地为特征，冰川两侧有由砾块组成的冰川侧碛，冰川表面多有冰裂缝、冰融沟痕。下段为太子庙以下至海拔2660米左右的前锋——冰舌，谷地呈典型的"U"形，两侧为冰碛物。

（六）湖成地貌

千湖山藏语称"拉姆冬措"，意为"神女千湖"。相传有仙女在此梳妆，不小心失落了镜子，破碎的镜片散落于群山之中，就变成许许多多的湖泊。从北部的石卡、初那湖至南部的三碧海，长约50千米、宽约4千米，面积约200平方千米的山脊地带，冰蚀湖、冰碛湖、冰斗湖、无底湖等千姿百态的冰川湖泊星罗棋布。自北向南划分为4个湖群：初那湖群、碧沽天池湖群、锁上湖群、三碧海湖群。千湖山是第四纪雪山冰川消亡形成的冰蚀、冰碛高原湖泊群，是在高原剥夷面上的古冰川遗迹，是湖泊与原始森林、高山珍奇花卉的复合风景名胜。

碧沽天池

无底湖

二、水文气候的丰富多样

河湖数量众多且形态多样，水源丰富，水质优良。

迪庆州内河流密布，除金沙江、澜沧江和怒江三大水系外，还有诸多支流和溪流。这些河流的水源主要来自山区的降水、冰雪融水以及地下水，形成了错综复杂的水网。

（一）澜沧江

澜沧江，藏名"杂曲"，发源于青海省唐古拉山山脉东北部，至西藏昌都转折南下，从德钦县佛山乡德美桥入迪庆。流经德钦县佛山、云岭、燕门，维西县巴迪、叶枝、康普、白济汛、中路等，至维登乡碧玉河叉河口出迪庆。迪庆州内有 141 条一级支流汇入澜沧江。

（二）金沙江

金沙江，藏名"支曲"，发源于青藏高原唐古拉山山脉，正源沱沱河，经青海玉树（称"通天河"）、四川巴塘（称"金沙江"），由德钦县羊拉归吾流入迪庆。右岸流经德钦县羊拉、奔子栏、拖顶，维西塔城。左岸流经香格里拉市尼西、五境、上江、金江、虎跳峡镇、三坝、洛吉，

虎跳峡

纳帕海

在三江口老火房流出迪庆。在州内共有尼汝河、硕都岗河、腊普河、珠巴洛河、吉仁河、冈曲河等 80 条一级支流汇入。

（三）纳帕海

纳帕海，藏名"纳帕措"，意为"森林下面的湖"，海拔 3266 米，湖面面积 31.25 平方千米，集水面积 660 平方千米，多年平均降水量 828 毫米，径流深 390 毫米，年平均产水量 2.57 亿立方米，有纳赤河、旺曲河等注入，西面山脚下有 9 个落水洞，流向汤满、仁吉两处涌出，汇入金沙江。每年 7—9 月，有水积存，回水至松赞林寺前。汛期过后，水位下降。冬春枯水季节，大部分湖面成为沼泽草甸。

（四）碧塔海

　　碧塔海，藏名"碧塔措"，位于香格里拉市东北角，湖面海拔3538米。平均水深20米，最深40米，湖面面积16平方千米，集水面积20平方千米，多年平均降水量950毫米，径流深540毫米，湖四周有数条清泉注入湖中，年产水量1080万立方米。东岸有落水洞，经暗流注入尼汝河的支流洛吉河，流入金沙江。湖中有一小岛，高出水面30米，面积2670平方米，岛上林木苍翠。

碧塔海

属都海

（五）属都海

　　属都海，藏名"属都措"，位于香格里拉市东北部，海拔 3595 米，湖面面积 11 平方千米，集水面积 15 平方千米，多年平均降水量 970 毫米，径流深 580 毫米，年产水量 870 万立方米。湖西有出水口，为硕多岗河的主源头。

1. 气候类型多样，垂直气候带明显，温差大，干湿分明

迪庆州地势北高南低，海拔差异大，气候随海拔变化而呈现出明显的垂直分布特征。从河谷到山顶，既有亚热带季风气候，又有高原山地气候，气候类型从亚热带、温带到寒带均有分布，湿季通常在夏季，受季风影响，降水量大，河流水量充沛；干季则在冬季，降水量减少，河流水位下降。

2. 季风气候，干湿分明

每年 11 月至翌年 4 月为干季，受源于非洲大陆环绕青藏高原的西风气候影响，多吹南风和西南风，风速大，晴天多，云量少，降水少，日照充足，蒸发量大，空气湿度小，气温日差较大，辐射、降温剧烈，降水量占全年降水量的 23%，降水日占全年降水日的 35%，日照时数占全年日照时数的 55%。每年 5—10 月为湿季，当南支急流北撤到北纬 40° 以北，受印度洋的西南暖湿气流影响，从南至北先后进入雨季，云量增多，降水量大而集中，降水量占全年降水量的 77%，降水日占全年降水日的 65%。

3. 立体气候，差异显著

迪庆州南、北海拔相对高差 5237 米，地势结构复杂，气候千差万别，呈现出气温的垂直变化，随海拔的升高而降低。迪庆州内可划为 4 个气候带。海拔 2300 米以下的河谷属南温带（低温层），平均气温 11.2 ~ 17℃，四季分明，各具特点。以奔子栏为代表的燥热

干热河谷

白马雪山

高山草甸

河谷，夏长冬短，气候燥（干）热；以吾竹为代表的干热河谷，夏短春秋长，温暖宜人；以白济汛为代表的湿热河谷，四季分明，炎热湿闷。海拔2300～2800米地段属中温带（中温层），平均气温10～11.2℃。冬长夏短（11月至翌年4月），春、秋季相连（5—10月）。海拔2800～4200米地段属北温带（高寒层），平均气温5～10℃。冬长无夏（9月至翌年5月），春、秋季短（6—8月）。海拔4200～6740米地段属高温带（冰雪层），平均气温-5.6℃以下，全年皆为冬季。

4. 区域性，坡向性，旱涝交错

云岭山脉以西及澜沧江流域河谷地带，源自孟加拉湾的西南暖湿气流和青藏高原南支干暖西风气候，沿横断山脉南下时，受地形阻挡堆集，相互交错影响，旱涝十分明显。受西南暖湿气候控制时，降水量居多。2—4月维西至德钦一带为桃汛期，6—9月为汛期或雨季。受干暖西风气流影响或太平洋剧热高压圈配合控制，天气晴朗，干旱持久。云岭山脉东坡金沙江河谷地带，当北方南下冷空气受地形阻挡难以入侵，西南暖湿气流下沉放出潜热时，增温、降温明显，降水量减少，加之山高坡陡，"焚风"效应显著，多呈燥（干）热气候。冬干春旱，年年皆有。

由于海拔落差大，气候垂直变化明显，形成了"一山分四季，十里不

同天"的特殊气候。雨季（5—10 月）降水量占全年的 85% 左右，主要集中在 7—8 月，为野生蕈菌的生长提供了充足的水分条件。干季（11 月至翌年 4 月）则日照充足，蒸发量大。"三江并流"区域的水文条件为蕈菌的生长提供了便利。澜沧江、金沙江、怒江及其众多支流，不仅带来了丰富的水资源，还通过水流作用促进了土壤养分的循环，为蕈菌的生长提供了必要的营养条件。

三、土壤植被的丰饶宝库

（一）土壤类型

迪庆州土壤类型多样，从高山草甸土到红壤、黄壤等均有分布。由于地形复杂、气候多样，土壤垂直分布明显，不同海拔段的土壤类型各异，为不同种类的蕈菌提供了适宜的生长基质。

孔雀山

普达措

高山草甸土主要分布在海拔 4000 米以上地区，迎风而背阴的坡谷在 3800 米左右均有分布，常分布有冬虫夏草。

棕色针叶林土分布范围广泛，集中出现于海拔 3500 ~ 4000 米的高山纯冷杉林地带，分布地带降水充沛，土内有机质含量高。亚高山草甸土主要分布在海拔 3100 ~ 3500 米的地形开阔带，分布区年平均气温 4 ~ 6℃，年降雨量 600 ~ 800 毫米。表层有机质含量高，土层厚 10 ~ 20 厘米，常分布有松茸。

暗棕壤、黄棕壤、黄壤、红壤、褐土等土壤类型分布于海拔 2000 ~ 3600 米处，分布区降水充沛，常分布有羊肚菌等野生蕈菌。

（二）植被类型

迪庆州属于东亚植物区的横断山区，地势起伏强烈，环境条件差异显著，森林覆盖率高达 77.63%，位居云南省前列，是全世界植被最丰富的地区之一，也是我国重要的生态环境屏障区、资源储藏区和人与自然和谐相处示范区，被称为"地球物种基因库""动植物王国"。该地区植被区系组成丰富，垂直分布明显，区系成分南北交错、东西汇合、新老兼备，地理成分复杂、联系广泛，特有现象突出。该地区有 10 个植被类型，23 个分布亚型，90 多个群系。

表 1　迪庆州的植被类型

植被类型	植被亚型
常绿阔叶林	季风常绿阔叶林
	湿性常绿阔叶林
	半湿润常绿阔叶林
	中山湿性常绿阔叶林
硬叶常绿阔叶林	寒温山地硬叶常绿栎林
	干热河谷硬叶常绿栎林
落叶阔叶林	落叶栎林
	桤木林
	杨、桦林
暖性针叶林	暖温性针叶林
	暖热性针叶林
温性针叶林	温性针阔混交林
	温凉性针叶林
	寒温性针叶林
稀树灌木草丛	干热性稀树灌木、草丛
灌丛	干暖河谷小叶灌丛
	寒温性灌丛
草甸	亚高山草甸
	高山草甸
高山流石滩	高山流石滩
高原湖泊水生植被	挺水植物群落
	浮叶植物群落
	沉水植物群落

光叶珙桐

高山森林、草原、湿地等生态系统和丰富多样的植被类型为蕈菌提供了丰富的基质和适宜的生长环境。从野外观测和调查结果看，在干暖河谷中，由于水分缺乏，植物多样性亦较贫乏，所以蕈菌种类亦相应地减少。在亚高山草甸及高山草甸中，由于土壤通气性很差，蕈菌种类亦不多。寒温性针叶林（长苞冷杉林、方枝柏林、大果红杉林）

澜沧江黄杉

区域水分状况最好，植物多样性亦较丰富，土壤疏松，透气性好，因此是蕈菌最为丰富的生态系统类型。寒温性硬叶常绿阔叶林（黄背栎林）虽然在植物种类多样性及土壤结构方面与寒温性针叶林相当，但由于该类型生态系统常分布于山体的南面、西面或西南面，水分条件与寒温性针叶林相比相对较差，相应地大型真菌种类亦较寒温性针叶林少。在寒温性灌丛中，由于植物种类多样性贫乏、年平均气温较低，总体上该类型生态系统中的蕈菌种类亦不多。

1. 常绿阔叶林

该区域的常绿阔叶林包括季风常绿阔叶林、湿性常绿阔叶林、半湿润常绿阔叶林、中山湿性常绿阔叶林。该群落类型以多变石栎、青冈栎、黄毛青冈为主，灌木和草本植物较发达，地面枯枝落叶层较肥厚。常绿阔叶林下生长的野生蕈菌有高山毛脚乳菇（*Lactarius alpinihirtipes*）、纤细乳菇（*Lactarius gracilis*）、东方油味乳菇（*Lactarius orientaliquietus*）、冷杉乳菇（*Lactarius abieticola*）、蓝黄红菇（*Russula cyanoxantha*）、毒红菇（*Russula emetica*）、斑柄红菇（*Russula punctipes*）、茶银耳（*Tremella foliacea*）、金耳（*Tremella mesenterica*）等。

2. 寒温性硬叶常绿阔叶林

该群落类型以黄背栎硬叶为主，灌木和草本植物不发达，地面枯

铁杉

冷杉乳菇（*Lactarius abieticola*）

蓝黄红菇（*Russula cyanoxantha*）

斑柄红菇（*Russula punctipes*）

茶银耳（*Tremella foliacea*）

枝落叶层较厚。寒温山地硬叶常绿阔叶林下生长的野生蕈菌有块根蘑（*Lyophyllum fumosum*）、美味蜡伞（*Hygrophorus agathosmus*）、紫蜡蘑（*Laccaria amethystina*）、较高丝膜菌（*Cortinarius elatior*）、退紫丝膜菌（*Cortinarius traganus*）、海绿丝膜菌（*Cortinarius venetus*）、红枝瑚菌（*Ramaria botrytis*）、离生丛枝瑚（*Ramaria distinctissima*）、暗绿红菇（*Russula atroaeruginea*）、苋菜红菇（*Russula depallens*）、网纹马勃（*Lycoperdon perlatum*）、褐皮马勃（*Lycoperdon fuscum*）、疝疼乳菇（*Lactarius torminosus*）、复生乳菇（*Lactarius répraesentaneus*）、腓骨小菇（*Rickenella fibula*）、毡盖美牛肝菌（*Caloboletus panniformis*）、亚高山褐牛肝菌（*Imleria subalpina*）、柠檬黄蜡伞（*Hygrophorus lucorum*）、红橙口蘑（*Tricholoma aurantium*）、东方钉菇（*Gomphus orientinctian*）、颇尔松湿伞（*Hygrocybe acutoconica*）、褐双孢粉褶菌（*Entoloma bisporigerum*）、变黑湿伞（*Hygrocybe nigrescens*）、匙状拟韧革菌（*Stereopsis humphreyi*）、大团囊虫草（*Cordyceps ophioglossoides*）等，其中，褐离褶伞（*Lyophyllum fumosum*）、美味蜡伞（*Hygrophorus agathosmus*）、紫蜡蘑（*Laccaria moshuijun*）、红枝瑚菌（*Ramaria botrytis*）都是美味的野生食用菌。

海绿丝膜菌（*Cortinarius venetus*）

褐皮马勃（*Lycoperdon fuscum*）

革菌（*Stereopsis humphreyi*）

3.寒温性针叶林

（1）滇藏方枝柏、大果红杉针叶林

该群落类型以滇藏方枝柏为主，灌木较少，但草本植物发达，地面潮湿多积水，腐殖质层肥厚。该针叶林生长的野生蕈菌有金黄鹅膏（*Amanita flavipes*）、小马勃（*Lycoperdon pusillum*）、长根菇（*Oudemansiella radicata*）、蜡伞（*Hygrophorus ceraceus*）、白蜡伞（*Hygrophorus eburneus*）、拟冠状环柄菇（*Lepiota cristatanea*）、鸡足山乳菇（*Lactarius chichuensis*）、褐丝膜菌（*Cortinarius brunneus*）、灰光柄菇（*Pluteus cervinus*）、翘鳞肉齿菌（*Sarcodon imbricatus*）等。

（2）大果红杉、急尖长苞冷杉林

该群落类型以大果红杉为主，地面苔藓植物发达。该针叶林下生长的蕈菌有地鳞伞（*Pholiota terrestris*）、细皮囊体红菇（*Russula velenovskyi*）、喜山丝膜菌（*Cortinarius emodensis*）、黏液丝膜菌（*Cortinarius vibratilis*）、高山绚孔菌（*Laetiporus montanus*）、云杉乳菇（*Lactarius deterrimus*）、喜山猴头菌（*Hericium yumthangense*）等。

（3）大果红杉、滇藏方枝柏林

该群落类型以大果红杉为主，地面腐殖质层肥厚，苔藓植物发达。该针叶林下生长的蕈菌有毛舌菌（*Trichoglossum hirsutum*）、耳侧盘菌（*Otidea cochleata*）、鳞白环柄菇（*Leucoagaricus leucothites*）、洁白拱顶蘑（*Cuphophyllus virgineus*）、细环柄菇（*Lepiota clypeolaria*）、短柄铦囊蘑（*Melanoleuca brevipes*）、微黄拟锁瑚菌（*Clavulinopsis helvola*）、小红湿伞（*Hygrocybe miniata*）、假黑盘菌（*Pseudoplectania nigrella*）、小鸡油菌

离生丛枝瑚菌（*Ramaria distinctissima*）

翘鳞肉齿菌（*Sarcodon imbricatus*）

暗绿红菇（*Russula atroaeruginea*）

（*Cantharellus minor*）、厚集毛菌（*Coltricia crassa*）、黄包红蛋巢（*Nidula shingbaensis*）、怡红菇（*Russula amoena*）、灰包菇（*Secotium agaricoides*）、奇异白桩菇（*Leucopaxillus mirabilis*）、褐黄金线伞（*Gymnopus ocior*）、拟盔孢伞丝膜菌（*Cortinarius galeroides*）、栗褐乳菇（*Lactarius castaneus*）、辐射状丝盖伞（*Inocybe radiata*）、黄褐丝盖伞（*Inocybe flavobrunnea*）、灰褐鳞环柄菇（*Lepiota fusciceps*）、淡红褶孔牛肝菌（*Phylloporus rubeolus*）等。

（4）急尖长苞冷杉林

该群落类型以急尖长苞冷杉为建群种，群落结构单一，灌木层较稀疏，草本层不发达，一般情况，下地表腐殖质层肥厚，且苔藓植物茂盛。该群落类型林下生长的蕈菌种类相当丰富，调查中发现的种类有日本地锤（*Cudonia japonica*）、头状虫菌（*Cordyceps capitatum*）、尖顶羊肚菌（*Morchella conica*）、小林块腹菌（*Kobayasia nipponica*）、胡萝卜色丝盖伞（*Inocybe caroticolor*）、薄褶丝盖伞（*Inocybe casimiri*）、豆芽菌（*Clavaria fragilis*）、珊瑚状锁瑚菌（*Clavulina coralloides*）、黑木耳（*Auricularia auricula*）、紫罗兰红菇（*Russula amethystina*）、暗绿红菇（*Russula atroaeruginea*）、毒红菇（*Russula emetica*）、堇紫红菇（*Russula violacea*）、血红菇（*Russula sanguinaea*）、槭乳菇（*Lactarius acerrimus*）、粗质乳菇（*Lactarius deterrimus*）、黑乳菇（*Lactarius lignyotus*）、沥青色乳菇（*Lactarius picinus*）、潮湿乳菇（*Lactarius uvidus*）、亚凸顶铦囊蘑（*Melanoleuca subacuta*）、胶质刺银耳（*Pseudohydnum gelatinosum*）、粪生黑蛋巢菌（*Cyathus stercoreus*）、黏皮鳞伞（*Pholiota lenta*）、环纹绚孔菌（*Laetiporus zonatus*）、淡紫蜡伞（*Hygrophorus purpureobadius*）、粉红蜡伞（*Hy-*

喜山丝膜菌（*Cortinarius emodensis*）

grophorus pudorinus）、单色蜡伞（*Hygrophorus unicolor*）、中华美味牛肝菌（*Boletus sinoedulis*）、网盖牛肝菌（*Boletus reticuloceps*）、金条孢牛肝菌（*Boletellus chrysenteroides*）、绒斑条孢牛肝菌（*Boletellus mirabilis*）、茶褐新牛肝菌（*Neoboletus brunneissimus*）、芝麻牛肝菌（*Hourangia nigropunctata*）、厚环乳牛肝菌（*Suillus grevillei*）、云南绒盖牛肝菌（*Xerocomus yunnanensis*）、变形多孔菌（*Polyporus varius*）、条纹裸伞（*Gymnopilus liquiritiae*）、白鹅膏（*Amanita nivalis*）、暗褐毒鹅膏（*Amanita brunnescens*）、大盖灰鹅膏（*Amanita cinereopannosa*）、灰豹斑鹅膏（*Amanita griseopantherin*）、玫瑰红鹅膏（*Amanita pallidorosea*）、灰小菇（*Mycena galericulata*）、黑紫粉褶菌（*Entoloma atrum*）、绿变粉褶菌（*Entoloma incanum*）、淡色粉褶菌（*Entoloma pallidocarpum*）、长柄鹅膏（*Amanita altipes*）、金耳（*Tremella aurantialba*）、肉棒菌（*Podostroma alutaceum*）、褐盖韧革菌（*Boreostereum vibrans*）、山地孢多孔菌（*Bondarzewia montana*）、兔耳状侧盘菌（*Otidea leporina*）、喜马拉雅棒瑚菌（*Clavariadelphus*

himalayensis）、水晶小菇（*Mycena laevigata*）、硫色靴耳（*Crepidotus sulphurinus*）、类银白紫丝膜（*Cortinarius suborgentatus*）、黏液丝膜菌（*Cortinarius vibratilis*）、红丝膜菌（*Cortinarius sanguineus*）、密黏褶菌（*Gloeophyllum trabeum*）、短柄铦囊蘑（*Melanoleuca brevipes*）、牛丝膜菌（*Cortinarius bovinus*）、黏脚丝膜菌（*Cortinarius collinitus*）、喜山丝膜菌（*Cortinarius emodensis*）、紫丝膜菌（*Cortinarius purpurascens*）、鳞皮扇菇（*Panellus stipticus*）、平截棒瑚菌（*Clavariadelphus truncatus*）、管形鸡油菌（*Craterellus tubaeformis*）、疣孢鸡油菌（*Cantharellus tuberculosporus*）、污胶鼓菌（*Bulgaria inquinans*）、褐黄须腹菌（*Rhizopogon superiorensis*）、卷边桩菇（*Paxillus involutus*）、硫色口蘑（*Tricholoma sulphureum*）、红肉蘑菇（*Agaricus sylvaticus*）、红蜡蘑（*Laccaria laccata*）、紫蜡蘑（*Laccaria amethystina*）、小白侧耳（*Pleurotus ostreatus*）、珊瑚状猴头菌（*Hericium coralloides*）等。

黏柄丝膜菌（*Cortinarius collinitus*）

环纹绚孔菌（*Laetiporus zonatus*）

紫罗兰红菇（*Russula amethystina*）

（5）黄背栎、大果红杉、急尖长苞冷杉、滇藏方枝柏混交林

该群落类型以黄背栎为主，和大果红杉、急尖长苞冷杉、滇藏方枝柏等针叶树形成混交林。该区主要生长的蕈菌有青冈口蘑（*Tricholoma zhangii*）、大盖灰鹅膏（*Amanita cinereopannosa*）、密黏褶菌（*Gloeophyllum trabeum*）、短柄铦囊蘑（*Melanoleuca brevipes*）。

灰豹斑鹅膏（*Amanita griseopantherina*）

冠裂肉球盘菌（*Sarcosphaera coronaria*）

绒柄拟地匙菌（*Spathulariopsis velutipes*）

4. 草甸

迪庆州的草甸包括高山草甸和亚高山草甸。该群落类型以矮杜鹃灌丛为主，草本植物较为稀疏，土壤多为疏松沙壤、较潮湿。该区主要生长的蕈菌为冬虫夏草（*Ophiocordyceps sinensis*）、鹿花菌（*Gyromitra esculenta*）、钩基鹿花菌（*Gyromitra infula*）、尖顶羊肚菌（*Morchella conica*）、赭鳞蘑菇（*Agaricus subrufescens*）、大秃马勃（*Calvatia gigantea*）、墨汁鬼伞（*Coprinopsis atramentaria*）、赤褐鹅膏菌（*Amanita fulva*）、细柄丝膜菌（*Cortinarius tenuipes*）、屑鳞粉褶蕈（*Entoloma furfuraceum*）、条柄蜡蘑（*Laccaria proxima*）、小红湿伞（*Hygrocybe miniata*）、变黑湿伞（*Hygrocybe nigrescens*）、具纹丝盖伞（*Inocybe grammata*）等。

具纹丝盖伞（*Inocybe grammata*）

条柄蜡蘑（*Laccaria proxima*）

大秃马勃（*Calvatia gigantea*）

小红湿伞（*Hygrocybe miniata*）

冬虫夏草（*Ophiocordyceps sinensis*）

墨汁鬼伞（*Coprinopsis atramentaria*）

5. 高山流石滩稀疏植被

　　该群落类型的特点是温差大、多石少土、表面不稳定，植物种类虽多但植株稀疏，植物种类以菊科（Compositae）、唇形科（Labiatae）、伞形科（Umbeliferae）和豆科（Papilionaceae）等为主。该区主要生长的蕈菌有冬虫夏草（*Ophiocordyceps sinensis*）、墨汁鬼伞（*Coprinopsis atramentaria*）等。

蕈菌篇

人与自然的和谐

第一节 大自然的馈赠

蕈菌是维持生态环境平衡的隐秘分解者

　　蕈菌是生长在森林里的菌菇（大型真菌）的统称，北宋黄休复《茅亭客话》中记载："夫蕈菌之初，皆草木变化，生树者曰蕈，生于地者曰菌。"古代中国把生在树木上的蘑菇称为"蕈"，把土壤中生长出来的蘑菇称为"菌"。蕈菌不但是人类和动物的食物来源，而且在生态系统中扮演着至关重要的角色。它们的主要功能是将动物、植物的遗体以及粪便等有机物质分解成无机物，如二氧化碳、水和无机盐等，这些无机物随后可以被绿色植物利用，从而促进生态系统的物质循环。这一过程对于维持生态系统的平衡和稳定至关重要。

绣球菌

老窝山

蕈菌是最为神秘和最具吸引力的类群

8500 年前，宁夏银川贺兰山上就有关于灵芝的岩画。7000 年前，新石器时期的浙江地区已有谷物和菌类。约 2000 年前的《神农本草》中就有猪苓、灵芝、茯苓等记载；《史记》中记载"茯苓者，千岁松根也，食之不死"。《礼记·内则》有"无华而食者名栭，皆芝属也"的描述。3500 年前的欧洲，古罗马人把蘑菇和块菌的出现，归因于"朱庇特神"用闪电猛击大地的结果。蕈菌在我国和世界其他地区已有几千年的使用历史，是最早被人类认识和利用的生物类群之一。

孔雀山

橙黄蜡蘑

　　迪庆地处"三江并流"核心区域，该区域面积约占中国陆地面积的 0.2%，独特的地理环境孕育了丰富的植物—动物—蕈菌生物多样性，拥有全国 20% 以上的高等植物、25% 以上的动物物种和丰富的蕈菌种类，并以它们各自特有的使用价值，经年累月融入当地人民的生产和生活，成为香格里拉饮食文化和民族特色的重要内容。香格里拉这片神秘土地不仅以其壮丽的自然风光和深厚的文化底蕴吸引着无数游客，更因其生长着种类繁多、特色鲜明的蕈菌而备受瞩目。蕈菌是香格里拉秘境最为神秘和最具吸引力的类群之一。

林缘湿地

蕈菌是大自然的馈赠，是人与自然和谐相处的乐章

云南地处中国西南部，具有温润的气候条件、特殊的垂直海拔地形和复杂的植被群落，在广袤的山地森林中孕育了大量的蕈菌。据统计，云南已知的蕈菌种类有 2753 种，占全国已知约 4800 种的 57.4%，其中，云南特有属有 10 余个，云南特有种有 100 余个。单以可食的种类来看，云南就有 900 种左右，占全国 1000 种食用菌资源的 90% 以上，占全世界 2500 种食用菌资源的 36%。

香格里拉被誉为"松茸的故乡"。在这片神奇的土地上，除了盛产闻名海外的松茸，还生长着种类繁多、特色鲜明的其他种类菌，如羊肚菌、鸡油菌、冬虫夏草、喜山丝膜菌（白泡菌）、离褶伞（冷菌）和块菌（松露）等，这些是大自然赐予香格里拉的珍贵特产，是当地群众经济发展的重要来源，是人与自然和谐共生的见证。

梯棱羊肚菌（*Morchella importuna*）

香格里拉蕈菌资源有着巨大的种类和数量优势，五彩斑斓、形态各异的蕈菌资源成为香格里拉秘境的"精灵"。形态上，有伞状、笔状、蛋状、杯状、头状、指状、扇状、絮状、碗状、盘状、勺状、巢状、耳状、舌状、球状、花朵状、串珠状、棒槌状、五星状、树枝状等。色彩上，有纯白色、乳白色、金黄色、杏黄色、嫩黄色、橘红色、大红色、暗红色、浅绿色、暗绿色、蓝紫色、灰蓝色、浅棕色、深棕色、灰棕色等；有的会在夜晚发出荧光，有的呈些许透明状，有的则是2种以上色彩的混搭，还有的布满斑点。神奇瑰丽又各自散发着魅力，带来一场场视觉和味觉的盛宴。更重要的是，该区域具有多种独特的地域性蕈菌种类，如松茸、虫草、离褶伞和肉齿菌等，且产量也较高，在云南野生菌市场上占有主导地位，经济价值非常可观，具有很大的开发潜力。

1. 胶鹿角菌

Calocera viscosa（Pers.）Fr.

分类地位：担子菌门Basidiomycota　花耳纲Dacrymycetes　花耳目Dacrymycetales　花耳科Dacrymycetaceae

形态特征：子实体下部扁圆，上部二至三叉状分枝，似鹿角，高4～8厘米，粗0.3～0.6厘米，胶质黏，平滑，干后软骨质，色橙黄而鲜艳，往往顶部色深。子实层生于表面。担子呈叉状，为淡黄色。担孢子为浅黄色，呈椭圆形或肾形，光滑，稍弯曲，后期形成一横隔，（9～11）微米×（3.5～5）微米。

应用价值：食用。

生长环境：生长于倒腐木上。

2. 平头棒瑚菌

Clavariadelphus amplus J. Zhao, L.P. Tang & Z.W. Ge

分类地位：担子菌门Basidiomycota　蘑菇纲Agaricomycetes　钉菇目Gomphales　棒瑚菌科Clavariadelphaceae

形态特征：子实体高7～13厘米，上部直径2.5～7厘米，多为黄色、黄褐色至红褐色，呈棒状，顶部平截，表面近光滑或稍有皱。菌肉为白色，伤处色变暗，海绵状，实心。菌柄基部渐变细，被白色细绒毛。担孢子无色，呈椭圆形，光滑，（9.5～12）微米×（6～8）微米。

应用价值：食用。

生长环境：夏、秋季生长于亚高山急尖长苞冷杉林中地上。

3. 红枝瑚菌

Ramaria botrytis （Pers.）Ricken

分类地位：担子菌门Basidiomycota　蘑菇纲Agaricomycetes　钉菇目Gomphales　钉菇科Gomphaceae

别　　名：刷把菌

形态特征：子实体高6～13厘米，宽6～10厘米，呈花椰菜形，初期为白色、奶油黄色，后变粉红色或肉色，手触摸容易缓慢变暗黄色或棕黄色。菌肉为白色。菌柄为白色或近白色，主干粗壮，基部钝圆。小枝为粉红色或肉色，枝顶钝。担孢子近无色，呈长椭圆形，具显著斜条纹，（12～15）微米×（4～5.5）微米。

应用价值：食用。

生长环境：夏、秋季生长于亚高山黄背栎林中地上。

4. 广叶绣球菌

Sparassis latifolia Y.C. Dai & Zheng Wang

分类地位：担子菌门Basidiomycota　蘑菇纲Agaricomycetes　多孔菌目Polyporales　绣球菌科Sparassidaceae

形态特征：子实体肉质，具柄，频繁叶状分枝，一年生。瓣片为白色至污白色，成熟后呈深奶油色或浅褐色，银杏叶状或扇形，脆质，边缘波状；单个瓣片直径1～3厘米，宽1～1.5厘米，较薄。菌柄长5～10厘米，为白色至淡褐色。担孢子无色，卵圆形至椭圆形，光滑，（4.5～5）微米×（4～4.5）微米。

应用价值：食用，可人工栽培。

生长环境：夏、秋季生长于亚高山针叶林中地上。

5. 高山绚孔菌

Laetiporus montanus Černý ex Tomšovský & Jankovský

分类地位：担子菌门Basidiomycota　蘑菇纲Agaricomycetes　多孔菌目Polyporales　绚孔菌科Laetiporaceae

形态特征：子实体覆瓦状排列，无柄或具短柄，一年生，肉质至干酪质。菌盖直径10～18厘米，厚1～2厘米，幼嫩时为橘黄色，成熟后变淡黄褐色，呈半圆形或扇形，边缘锐，波状，色浅。菌肉乳白色。孔口新鲜时为淡黄色，成熟时污白色，多角形，边缘薄；菌管与孔口同色。担孢子无色，呈宽椭圆形，光滑，壁薄，非淀粉质，不嗜蓝，（6.5～7）微米×（4～5）微米。

应用价值：食用。

生长环境：夏、秋季生长于亚高山急尖长苞冷杉枯树桩或活立木上。

6. 暗绿红菇

Russula atroaeruginea G.J. Li，Q. Zhao & H.A. Wen

分类地位：担子菌门Basidiomycota　蘑菇纲Agaricomycetes　红菇目Russulales　红菇科Russulaceae

形态特征：菌盖直径3～7.5厘米，扁半球形至扁平下凹，光滑，湿时黏，为绿色至暗绿色并带黄色色调。菌肉为白色，不变色。菌褶为奶油色至淡黄色，稍密，分叉，具短菌褶。菌柄长3.5～6厘米，粗1～2厘米，为白色，有时带绿色色调。担孢子无色，呈近球形至宽椭圆形，有网纹（6.5～8）微米×（6～7.5）微米。

应用价值：食用。

生长环境：夏、秋季生长于亚高山急尖长苞冷杉林中地上。

7. 粗质乳菇

Lactarius deterrimus Gröger

分类地位：担子菌门Basidiomycota　蘑菇纲Agaricomycetes　红菇目Russulales　红菇科Russulaceae

形态特征：菌盖直径4～8.5厘米，扁半球形至平展，为橘红色至橘黄色，局部带绿色色调，具不明显同心环纹。菌肉呈近白色。乳汁为橘黄色至橘红色，缓慢变绿色。菌褶橘黄色，伤后缓慢变绿色，密，直生至延生，不等长，多分叉。菌柄长3.5～6厘米，粗1～2.5厘米，近柱形，较菌盖色淡，中生或偏生，近光滑。担孢子无色，呈宽椭圆形至卵形，具小刺和细网纹，（8.5～10）微米×（6～7）微米。

应用价值：食用。

生长环境：夏、秋季生长于亚高山云杉林中地上。

8. 红汁乳菇

Lactarius hatsudake Nobuj. Tanaka

分类地位： 担子菌门Basidiomycota　蘑菇纲Agaricomycetes　红菇目
Russulales　红菇科Russulaceae

别　　名： 谷熟菌、铜绿菌

形态特征： 菌盖直径4~10厘米，扁半球形至扁平下凹或中央脐状，
光滑，湿时黏，肉色，淡土黄色或杏黄色，后变淡，具明
显同心环带，伤后渐变蓝绿色。菌肉粉红色。乳汁橘红色
渐渐变蓝绿色。菌褶为酒红色，稍密，延生，分叉，伤后
变蓝绿色。菌柄长2.5~6厘米，粗1~3厘米，中空，与菌
盖同色，往往向下渐细并略弯曲。担孢子无色，呈宽椭圆
形，有网纹，淀粉质，（8.5~9.5）微米×（7~8）微米。

应用价值： 食用、药用。

生长环境： 夏、秋季生长于大果红杉林中地上。

9. 喜山猴头菌

Hericium yumthangense K. Das, Stalpers & Stielow

分类地位： 担子菌门Basidiomycota　蘑菇纲Agaricomycetes　红菇目
Russulales　猴头菌科Hericiaceae

形态特征： 子实体新鲜时肉质，后期软革质，无柄或具短柄，一年生。
菌盖直径6~17厘米，近球形或扁半球形，新鲜为时白色，
后期变浅黄色至浅褐色，具微绒毛。菌肉为白色。菌齿长
0.8~1厘米，圆柱形，白色，每毫米1~2个。菌柄长1~2厘
米，粗1.2~2厘米，白色至乳白色。担孢子近无色，椭圆
形，壁厚，具小疣凸，淀粉质，（5~6.5）微米×（4~5）
微米。

应用价值： 食用、药用。

生长环境： 夏、秋季生长于亚高山林中腐木上。

10. 疣孢鸡油菌

Cantharellus tuberculosporus M. Zang

分类地位： 担子菌门Basidiomycota 蘑菇纲Agaricomycetes 鸡油菌目 Cantharellales 鸡油菌科Cantharellaceae

别　　名： 鸡油菌

形态特征： 子实体肉质，喇叭形。菌盖直径3～6厘米，中部凹陷，为黄色至黄褐色，光滑或撕裂成黄褐色鳞片。菌肉为黄色，薄。菌褶为淡黄色至黄色，不典型，褶皱状至棱状，延生。菌柄长3～6.5厘米，粗0.5～1厘米，与菌盖同色，呈圆柱形，实心。担孢子无色，呈椭圆形，光滑，（7.5～9）微米×（5.5～6.5）微米。

应用价值： 食用、药用。鸡油菌是全球六大著名野生食用菌之一，目前无法人工栽培，只能在自然环境中采集。鸡油菌在全世界都是广为推崇的菌类，味道鲜美，具有独特的杏仁风味，另外，对预防视力下降、皮肤干燥等还具有很好的辅助治疗作用。

生长环境： 夏、秋季生长于亚高山急尖长苞冷杉林中地上。

11. 锁瑚菌

Clavulinopsis fusiformis（Sowerby）Corner

分类地位： 担子菌门Basidiomycota 蘑菇纲Agaricomycetes 鸡油菌目 Cantharellales 珊瑚菌科Clavariaceae

形态特征： 子实体一般小，细长，近长梭形，高4～9厘米，粗0.2～0.8厘米，为鲜黄色，数枚生长在一起，不分枝，有时上部稍粗，光滑，基部稍粗，具白色细毛。菌肉为淡黄色。担子细长，呈棒状，（38～50）微米×（6～9）微米。担孢子无色，呈宽椭圆形，光滑，（7～8.5）微米×（5.5～7）微米。

应用价值： 食用。

生长环境： 夏、秋季生长于长苞冷杉林中地上。

12. 珊瑚状锁瑚菌

Clavulina coralloides（L.）J. Schröt.

分类地位：担子菌门Basidiomycota　蘑菇纲Agaricomycetes　鸡油菌目 Cantharellales　锁瑚菌菌科Clavulinaceae

形态特征：子实体较小，高3～6厘米，呈珊瑚状，多分枝，白色或灰白色或淡粉红色，小枝尖细，密集。菌肉为白色，内实。担子棒状，稀有横隔，具2小梗。担孢子无色，近球形，光滑，具1小尖，内含1大油球，（7～9.5）微米×（6～7.5）微米。

应用价值：食用。

生长环境：夏、秋季生长于长苞冷杉林中的苔藓丛地上。

13. 黄褐鹅膏

Amanita umbrinoloutea（Secr. ex Gillet）Beatill

分类地位：担子菌门Basidiomycota　蘑菇纲Agaricomycetes　蘑菇目 Agaricales　鹅膏菌科Amanitaceae

形态特征：菌盖直径6～15厘米，中部红色至褐红色，光滑，边缘具条纹。菌肉呈白色或带菌盖颜色，近柄处厚。菌褶淡黄色至黄色。菌柄长8～15厘米，粗1～3厘米，浅黄色至黄色，被黄色至红褐色不规则蛇皮状鳞片。菌环上位，浅黄色至橙色。菌托袋状，高2～4.5厘米，直径2～4厘米，白色。担孢子无色，近球形或宽椭圆形，光滑，（8～9.5）微米×（6.5～8）微米。

应用价值：食用。

生长环境：夏、秋季生长于亚高山针叶林或黄背栎林中地上。

14. 松茸

Tricholoma matsutake（S. Ito & S. Imai）Singer

15. 青冈口蘑

Tricholoma zangii Z.M. Cao, Y.J. Yao & Pegler

分类地位：担子菌门Basidiomycota　蘑菇纲Agaricomycetes　蘑菇目Agaricales　口蘑科Tricholomataceae

别　　名：松蕈、松毛菌、松口蘑

形态特征：子实体中等大至大型。菌盖直径5～15厘米，扁半球形至近平展，为污白色，具黄褐色至栗褐色平状的纤毛状鳞片，表面干燥。菌肉为白色，厚。菌褶为白色或稍带乳黄色，弯生，密，不等长。菌柄较粗壮，长6～13.5厘米，粗2～3厘米，内实，基部有时稍膨大。菌环生于菌柄的上部，上表面为污白色并有粉粒，下面具栗褐色纤毛状鳞片。担孢子无色，宽椭圆形至近球形，光滑，（6～8）微米×（4.5～6.5）微米。

应用价值：食用、药用。松茸是全球名贵珍稀野生食用菌，尤以日本人对其最为推崇。其菌肉肥厚、香气浓郁、味道鲜美，富含蛋白质、脂肪、氨基酸、维生素等多种营养成分。

生长环境：生长于松林或针阔混交林中地上。

分类地位：担子菌门Basidiomycota　蘑菇纲Agaricomycetes　蘑菇目Agaricales　口蘑科Tricholomataceae

别　　名：松茸、松毛菌、松口蘑

形态特征：菌盖直径6～20厘米，半球形，后平展至扁平，中部凹，初为白色、淡褐灰色，密被黄褐色、栗色的鳞片和绒毛，平伏、微翘，盖缘早期与菌柄相连，展开后内卷。菌肉为白色，脆。菌褶为白色，直生至离生。菌柄长6～12厘米，粗1.5～3.5厘米，粗壮，圆柱形，表面被淡棕色鳞片和绒毛。菌环为白色，膜质。担孢子无色，近多角形或不规则圆形，非淀粉质，（6.5～11）微米×（5～6.5）微米。

应用价值：食用。

生长环境：生长于黄背栎林、黄背栎长苞冷杉混交林中地上。

16. 美味蜡伞

Hygrophorus agathosmus（Fr.）Fr

分类地位：担子菌门Basidiomycota　蘑菇纲Agaricomycetes　蘑菇目
Agaricales　蜡伞科Hygrophoraceae

别　　名：米汤菌、红菇蜡伞

形态特征：菌盖直径6～13厘米，扁半球形至近平展，为污粉红色至
暗紫红色，常有深色斑点，一般不黏，中部具细小的块状
鳞片。菌肉为白色，近表皮处带粉红色。菌褶初期为近白
色，常有紫红色至暗紫红色斑点，较密，直生至延生或有
时近弯生，不等长，蜡质。菌柄长6～11厘米，粗1.5～2.5
厘米，为污白色至暗紫红色，具细条纹，上部近粉状，
实心。担孢子无色，长椭圆形，光滑，（6～8）微米×
（4～5.5）微米。

应用价值：食用。

生长环境：夏、秋季生长于针阔混交林林中地上。

17. 褐离褶伞

Lyophyllum fumosum（Pers.）P.D. Orton

分类地位：担子菌门Basidiomycota　蘑菇纲Agaricomycetes　蘑菇目
Agaricales　离褶伞科Lyophyllaceae

别　　名：冷菌、一窝菌、一窝鸡、一窝羊

形态特征：菌盖直径3.5～6厘米，扁平球形至近平展，为灰色至灰褐
色，光滑，不黏。菌肉为白色。菌褶为白色至污白色，
直生或延生，密，不等长。菌柄细长，长4.5～8厘米，粗
0.4～8厘米，为白色至灰色，光滑。担孢子无色，近球
形，光滑，（5.5～6）微米×（4.5～5）微米。

应用价值：食用、药用。

生长环境：生长于黄背栎林中地上。

18. 网纹马勃

Lycoperdon perlatum Pers.

分类地位： 担子菌门Basidiomycota　蘑菇纲Agaricomycetes　蘑菇目 Agaricales　马勃科Lycoperdaceae

别　　名： 马皮泡

形态特征： 子实体一般较小，高2～6厘米，直径3～4厘米，多呈倒卵 形至陀螺形，初期近白色，后变灰黄色至黄褐色，不孕基 部发达或延长至柄。外包被由无数小疣组成，具较大易脱 的刺，刺脱落后显出淡色而光滑的斑点。担孢子为淡黄 色，球形，具小疣，3.5～5微米。

应用价值： 药用。

生长环境： 生长于林中地上或腐木上。

19. 奥氏蜜环菌

Armillaria ostoyae（Romagn.）Herink

分类地位： 担子菌门Basidiomycota　蘑菇纲Agaricomycetes　蘑菇目 Agaricales　泡头菌科Physalacriaceae

形态特征： 菌盖直径2.6～8厘米，初呈凸镜形，后平展，为红棕色至 深棕色，边缘色浅，具浅褐色毛状鳞片。菌肉白色至污白 色。菌褶为白色至浅褐色，直生至延生，稍稀，不等长。 菌柄长4～7.5厘米，粗1.5～3厘米，污白色至浅棕色，圆 柱形，实心，被绒毛，基部具黄色菌丝。具菌环。担孢 子无色，椭圆形，光滑，非淀粉质，（8.5～10）微米× （5.5～6.5）微米。

应用价值： 食用。

生长环境： 生长于腐树桩或活立木上。

20. 多脂鳞伞

Pholiota adiposa（Batsch）P. Kumm.

分类地位：担子菌门Basidiomycota　蘑菇纲Agaricomycetes　蘑菇目
　　　　　Agaricales　球盖菇科Strophariaceae

别　　名：黄伞

形态特征：菌盖直径3～6.5厘米，初期呈扁半球形，后稍平展，为柠
　　　　　檬黄色或橙黄色，覆盖一层透明黏液，密被纤毛状鳞片。
　　　　　菌肉为白色至淡黄色，厚。菌褶为黄色至锈褐色，直生，
　　　　　密，不等长。菌柄长3～8.5厘米，粗0.5～0.8厘米，为黄
　　　　　褐色，密被淡褐色鳞片。菌环为淡黄色，毛状，膜质，
　　　　　易脱落。担孢子为锈褐色，呈椭圆形至卵圆形，光滑，
　　　　　（5.5～7）微米×（3.5～4）微米。

应用价值：食用、药用。

生长环境：生于倒腐木或活立树干上。

21. 喜山丝膜菌

Cortinarius emodensis Berk.

分类地位：担子菌门Basidiomycota　蘑菇纲Agaricomycetes　蘑菇目
　　　　　Agaricales　丝膜菌科Cortinariaceae

别　　名：白泡菌

形态特征：菌盖直径6～14厘米，初呈扁半球形，后平展，为紫色到浅
　　　　　紫褐色，中部凸起，具辐射状皱纹，边缘内卷。菌肉为浅
　　　　　紫色，较厚。菌褶初期为浅紫色后锈色，直生至近弯生，
　　　　　较密，不等长，褶间具横脉。菌柄长6～13厘米，粗1.5～3
　　　　　厘米，圆柱形，菌环以上为淡紫色，菌环以下为污白色带
　　　　　紫色，有纵条纹或纤毛状鳞片，基部有环带状附属物，内
　　　　　部实心或变松。菌环为白色带紫色，上位，膜质，具条
　　　　　纹，近双层，不易脱落。担孢子为锈褐色，呈椭圆形，具
　　　　　疣，（11.5～14）微米×（8.5～11）微米。

应用价值：食用。

生长环境：生长于亚高山长苞冷杉、大果红杉等针叶林中地上。

22. 紫蜡蘑

Laccaria amethystina（Huds.）Cooke

分类地位： 担子菌门Basidiomycota　蘑菇纲Agaricomycetes　蘑菇目Agaricales　轴腹菌科Hydnangiaceae

别　　名： 紫皮条菌

形态特征： 菌盖直径2～5厘米，初呈半球形，后渐平展，中央下凹呈脐状，为蓝紫色或灰紫色，干燥时为灰白色带紫色，后边缘波状或瓣状并有粗条纹，常有细小鳞片，不黏，有辐射状沟纹。菌肉同菌盖色，薄。菌褶直生至稍下延，宽，稀疏，不等长，与菌盖同色或稍深，老时褪为黄褐色。菌柄长3～8厘米，直径2～8毫米，近圆柱形，与菌盖同色，有绒毛，下部常弯曲。

应用价值： 食用。

生长环境： 夏、秋季生长于林中地上。

23. 黑木耳

Auricularia auricula（L.）Underw.

分类地位： 担子菌门Basidiomycota　蘑菇纲Agaricomycetes　木耳目Auriculariales　木耳科Auriculariaceae

别　　名： 木耳、云耳

形态特征： 子实体宽2～9厘米，有时可达13厘米，厚0.5～1毫米。新鲜时呈杯形、耳形、叶形或花瓣形，为棕褐色至黑褐色，柔软半透明，胶质，有弹性，中部凹陷，边缘锐，无柄或具短柄。干后强烈收缩，变硬，脆质，浸水后迅速恢复呈新鲜时形态及质地。子实层表面平滑或有褶状隆起，为深褐色至黑色。不育面与基质相连，密被短绒毛。

应用价值： 食用、药用。木耳富含蛋白质、钙、磷、铁等矿物质元素，其铁元素含量极高，是缺铁性贫血患者的极佳食品。

生长环境： 生长于多种阔叶树倒腐木上。

24. 桂花耳

Guepinia helvelloides（DC.）Fr.

分类地位：担子菌门Basidiomycota　蘑菇纲Agaricomycetes　木耳目
Auriculariales　未定科Incertae sedis

形态特征：子实体直径（1~4）厘米×（1~2）厘米，呈匙形或近漏
斗状，柄部半开裂呈管状，胶质，不黏，为浅土红色或橙
褐红色，内侧表面被白色粉末，子实层面近平滑，或有
皱，边缘卷曲呈波状。菌柄长0.6~2厘米，粗0.3~0.8厘
米，与菌盖同色，胶质，光滑。担孢子无色，呈宽椭圆
形，光滑，（10~12）微米×（5~7）微米。

应用价值：食用。

生长环境：生长于林下肥沃潮湿的土壤中。

25. 中华美味牛肝菌

Boletus sinoedulis B. Feng, Y.Y. Cui, J.P. Xu & Zhu L. Yan

分类地位：担子菌门Basidiomycota　蘑菇纲Agaricomycetes　牛肝菌目
Boletales　牛肝菌科Boletaceae

形态特征：菌盖直径6~12厘米，半球形至平展，为黄褐色至深褐色，
边缘为白色至浅黄色。菌肉为白色，受伤不变色。菌管幼时
表面覆有一层白色菌丝，成熟后消失，为浅黄色至黄褐色，
受伤后不变色，近柄处下陷。菌柄长5~10厘米，粗1~2厘
米，为污白色或淡黄色，表面被白色或浅黄色网纹。担孢
子为橄榄褐色，梭形，光滑，（14~17）微米×（5~6）
微米。

应用价值：食用。

生长环境：夏、秋季生长于亚高山针叶林地上。

26. 网盖牛肝菌

Boletus reticuloceps（M. Zang, M.S. Yuan & M.Q. Gong）Q.B. Wang & Y.J. Yao

分类地位：担子菌门Basidiomycota　蘑菇纲Agaricomycetes　牛肝菌目Boletales　牛肝菌科Boletaceae

形态特征：菌盖直径3.5～10厘米，初期呈半球形或钟形，后渐平展呈凸镜形，为黄褐色至深褐色，密被黄褐色至深褐色糠麸状小鳞片，具明显网状脊凸。菌肉为白色，伤后不变色。菌管初期为白色，成熟后为橄榄黄色，凹生，孔口初期为白色，成熟后为橄榄黄色，伤后不变色。菌柄长5～12厘米，粗1.2～3厘米，为污黄色，呈圆柱形，具白色网纹。担孢子为浅黄色，呈长椭圆形，光滑，（14～17）微米×（5～5.5）微米。

应用价值：食用。

生长环境：夏、秋季生长于亚高山急尖长苞冷山林中地上。

27. 茶褐新牛肝菌

Neoboletus brunneissimus（W.F. Chiu）Gelardi, Simonini & Vizzini

分类地位：担子菌门Basidiomycota　蘑菇纲Agaricomycetes　牛肝菌目Boletales　牛肝菌科Boletaceae

形态特征：菌盖直径4～9厘米，呈半球形渐成弧形，为茶褐色、深咖啡色、肝褐色，干燥，密被短绒毛。菌肉为淡黄色或橄榄黄色，厚1～2厘米，伤后变蓝色，后转污褐色。菌管长0.8～1.0厘米，直径0.5～1.0毫米，为黄绿色，伤变蓝色；孔口为黄色、黄褐色，老后变棕色，呈多角形或近圆形，伤后变蓝色，近柄处下陷。菌柄长4～10厘米，粗0.8～2厘米，与菌盖同色，呈棒状，直生或弯曲，密被暗色糠麸状鳞片，基部具黄褐色硬毛，伤后变蓝色。担孢子淡褐色，椭圆形、长圆纺锤形，（9～12）微米×（4～5）微米。

应用价值：食用、药用。

生长环境：生长于急尖长苞冷山林中地上。

28. 褐孔皱盖牛肝菌

Rugiboletus brunneiporus G. Wu & Zhu L. Yang

29. 金耳

Tremella aurantialba Bandoni & M. Zang

分类地位： 担子菌门Basidiomycota　蘑菇纲Agaricomycetes　牛肝菌目Boletales　牛肝菌科Boletaceae

别　　名： 黄赖头

形态特征： 菌盖直径8~15厘米，呈半球形至平展，为土黄色、褐黄色至红褐色，表面皱曲，胶黏。菌肉为淡黄色至浅黄色，伤后变暗蓝色。子实层体直生，管状，表面为褐黄色、红褐色至紫褐色，伤后迅速变为暗蓝色；菌管长1~1.5厘米，为黄色至橄榄黄色，伤后迅速变为暗蓝色。菌柄长10~18厘米，粗2~3厘米，为黄色至橙黄色，呈棒状，密被近黑色颗粒状鳞片；菌肉为淡黄色至黄色，伤后迅速变为暗蓝色。担孢子为褐黄色，近梭形，（12~14.5）微米×（4~5.5）微米。

应用价值： 食用。

生长环境： 夏、秋季生长于亚高山针叶林或针阔混交林中地上。

分类地位： 担子菌门Basidiomycota　银耳纲Tremellomycetes　银耳目Tremellales　耳包革科Naemateliaceae

别　　名： 黄耳、金黄银耳

形态特征： 子实体高5~10厘米，宽7~12厘米，呈脑状或瓣裂状，基部着生于腐木上，新鲜时为金黄色或橙黄色，干后坚硬，浸泡后可复原状。

应用价值： 食用、药用。金耳是我国著名的食、药两用菌，含有丰富的脂肪，蛋白质以及磷、硫、锰、铁、镁、钙、钾等微量元素。金耳含有大量的活性多糖，其对人体具有很好的滋补功效，对于提高机体代谢、抑制衰老等作用明显。金耳已实现人工驯化，目前工厂化栽培已初具规模。

生长环境： 夏、秋季生长于阔叶树倒腐木或活立木上。

30. 棒形地匙菌

Spathularia clavata（Shaeff.）Sacc.

分类地位： 子囊菌门Ascomycota　锤舌菌纲Leotiomycetes　斑痣盘菌目Rhytismatales　地锤菌科Cudoniaceae

形态特征： 子实体呈匙形，高1.5～2.8厘米，宽0.2～0.5厘米，为淡黄色，可育部分生于柄上部，扁平。菌柄长1～2.5厘米，粗2～5毫米，近圆柱形或向下变细，为污白色至米色。子囊呈近棒形，基部变细，具8个子囊孢子，（90～120）微米×（10～13）微米。子囊孢子呈针形，被胶样物质，（35～50）微米×（2～3）微米。

应用价值： 食用。

生长环境： 生长于长苞冷杉林中地上。

31. 冬虫夏草

Ophiocordyceps sinensis（Berk.）G.H. Sung, J.M. Sung, Hywel-Jones & Spatafora

分类地位： 子囊菌门Ascomycota　粪壳菌纲Sordariomycetes　肉座菌目Hypocreales　线虫草科Ophiocordycipitaceae

形态特征： 子座长5～10厘米，从寄主头部长出，为褐色至黄褐色，内部为白色。上部可育部分直径3～6毫米，近圆柱形，为暗褐色，表面有小疣点。顶部不育，变尖。下部不育菌柄较细，直径3～6毫米。子囊帽厚，有顶孔，内含8个子囊孢子，（250～300）微米×（8～13）微米。子囊孢子无色，呈线形，（200～280）微米×（5～6）微米。

应用价值： 食用、药用。冬虫夏草主要有调节免疫系统功能、抗肿瘤、抗疲劳、补肺益肾、止血化痰、秘精益气、护肝、镇静、美白祛黑等多种功效；此外，还可用于心血管系统、呼吸系统和肾脏等疾病的调节和治疗。

生长环境： 春末夏初生长于高山、亚高山草甸草丛中。

32. 大团囊虫草

Cordyceps ophioglossoides（Ehrh.）Link

分类地位：子囊菌门Ascomycota　粪壳菌纲Sordariomycetes　肉座菌目Hypocreales　虫草科Cordycipitaceae

形态特征：子座呈棒形，肉质，长3～9厘米，为橙黄色至暗绿色，多单生，偶有多个分支，子座由根状多个分支的菌索固定于被寄生的一种真菌的地下子实体上。可育头部为暗褐色，成熟时呈椭圆形至棒状，长5～13毫米，宽3～5毫米。菌柄为暗绿色至紫色，有纵纹，粗1.5～2.5毫米。子囊壳呈卵形，埋生，孔口突出，（550～650）微米×（300～360）微米。子囊孢子无色，呈线形，细长，具多个分隔，成熟后断裂为分生孢子。分生孢子呈短柱形，（2.5～4）微米×（2～2.5）微米。

应用价值：药用。

生长环境：生长于黄背栎纯林地上。

33. 印度块菌

Tuber indicum Cooke & Massee

分类地位：子囊菌门Ascomycota　盘菌纲Pezizomycetes　盘菌目Pezizales　块菌科Tuberaceae

别　　名：印度块菌、猪拱菌、无粮藤果

形态特征：子实体小至中等大，直径2～8厘米，近球形，为黑色至暗灰色，外表被桑甚状疣突。包被厚500～700微米，由2层组成。产孢组织为暗灰色至近黑色，具有大理石样纹理。子囊近球形，具2～5个子囊孢子，50～75微米。子囊孢子为褐色至暗褐色，呈宽椭圆形至椭圆形，密被长刺，（20～35）微米×（15～25）微米。

应用价值：食用、药用。块菌是极为名贵的食用菌，被誉为"黑色钻石"。块菌含蛋白质、脂肪、碳水化合物和18种氨基酸，其中含人体必需的8种氨基酸。同时含有多种维生素和铜、锰、钾、钠、镁、磷等矿物质元素，此外，菌块还富含α-雄烷醇、神经酰胺、块菌多糖等活性成分。

生长环境：冬季生长于云南松或华山松林地中。

34. 山地羊肚菌

Morchella eohespera Beug, Voitk & O'Donnell

分类地位： 子囊菌门Ascomycota　盘菌纲Pezizomycetes　盘菌目Pezizales　羊肚菌科Morchellaceae

形态特征： 菌盖高4～6厘米，宽2～4厘米，为黄褐色至淡褐色，近圆锥形，表面形成许多凹坑，有绒毛；纵棱为黑色至近黑色，有绒毛。菌柄长2.5～4厘米，粗1～2厘米，白色，近圆柱形，有浅纵沟，基部稍膨大。子囊呈圆筒形，（260～300）微米×（18～21）微米。子囊孢子无色，呈椭圆形，（18～24）微米×（12～14）微米。

应用价值： 食用、药用。山地羊肚菌富含粗蛋白、粗脂肪、碳水化合物、硒、锌、锗等物质，还含有18种氨基酸，以及维生素、叶酸等。

生长环境： 晚春生长于亚高山或温带针叶林中地上。

35. 羊肚菌

Morchella esculenta（L.）Pers.

分类地位： 子囊菌门Ascomycota　盘菌纲Pezizomycetes　盘菌目Pezizales　羊肚菌科Morchellaceae

别　　名： 羊蘑、羊肚菜

形态特征： 菌盖高4～10厘米，宽3～6厘米，为淡褐色，呈不规则圆形、长圆形，表面形成许多凹坑，似羊肚状。菌柄长5～7厘米，粗2～2.5厘米，白色，有浅纵沟，基部稍膨大。子囊呈圆筒形，（280～320）微米×（18～22）微米。子囊孢子8个，单行排列，无色，呈宽椭圆形，（20～24）微米×（12～15）微米。

应用价值： 食用、药用。羊肚菌子实体氨基酸、维生素含量均高于其他食用菌，其多糖、半乳甘露糖、麦角甾醇、不饱和脂肪酸等功能活性成分具有增强机体免疫力、抗疲劳、抗氧化、抗肿瘤、抗病毒、降血脂、保肝、护胃等作用。

生长环境： 春末夏初生长于阔叶树林中地上及路旁。

人文篇

寻味山珍的烟火

第一节 寻味香格里拉

寻味香格里拉，蕈菌是多民族餐桌上的美味佳肴

　　香格里拉是一个多民族聚居的地方，藏族、纳西族、彝族等各民族在长期的生产生活中积累了丰富的识别、采集和烹饪蕈菌的经验。他们不仅将蕈菌视为餐桌上的佳肴，还将其融入传统的节日庆典和日常生活中。

白马雪山

白马雪山

太子庙

梅里雪山

奔子栏转山

对于藏族人民来说，蕈菌是大自然赐予的珍贵食材。他们擅长将各种蕈菌与肉类、蔬菜等食材相结合，烹饪出具有浓郁藏族特色的美食。如藏式火锅中就会加入各种野生蕈菌，使汤底更加鲜美浓郁。纳西族人民则喜欢将蕈菌与当地的特色食材相结合，创造出独特的纳西族风味。如纳西烤鱼中会加入切片的松茸等蕈菌，使烤鱼的味道更加鲜美。彝族人民对蕈菌的利用也独具特色，他们擅长将蕈菌与辣椒、大蒜等调料相结合，烹饪出具有浓郁风味的蕈菌佳肴。如干炒牛肝菌就是彝族人民的一道传统美食，将牛肝菌与辣椒、大蒜等调料一起炒制，口感香辣可口。

小中甸

寻味香格里拉，蕈菌激发着人们对美味的无限向往与想象

　　香格里拉在群山环抱中，以其得天独厚的自然环境和丰富的松茸资源，成为松茸爱好者和自然探索者心驰神往的胜地。这片充满生机与活力的土地，以其特殊的地理条件和丰富的森林资源，创造了松茸生长的理想环境，香格里拉也由此获得"松茸的故乡"

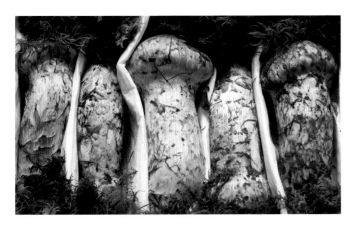

采食松茸

的美誉。

松茸被誉为"菌中之王"，世界四大名菌之首。香格里拉松茸以菇体大、肉质嫩、香浓久、色泽好而闻名中外，被誉为松茸界的"王中之王"。

松露又叫猪拱菌，是一种珍贵的野生蕈菌。松露也被称为餐桌上的"黑色钻石"，与鱼子酱、鹅肝并列为"世界三大珍肴"。香格里拉位于"三江并流"腹地，是我国最大的松露主产区之一。香格里拉以独特的气候条件，孕育出松露独特的口感，营养价值高，深受消费者喜爱。

香格里拉也是牛肝菌的盛产地之一。颜色斑斓、形态各异的各种牛肝菌是香格里拉野生菌的主角。此外，羊肚菌、离褶伞（冷菌）、金耳、喜山丝膜菌（白泡菌）、松乳菇（谷熟菌）等也是香格里拉地区最受喜爱和常见的山珍美味。

红汁乳菇

松茸

牛肝菌

美味蜡伞

第二节 山珍风味之美

人间烟火气，最抚世人心。融合性民族美食凝结了香格里拉人民坚守初心、与时俱进、尊重传统又开放包容的精神，是美食文化中不可或缺的璀璨亮色，为生活增添了馥郁烟火气和暖意人情味。

蕈菌是大自然最珍贵的馈赠，其对生长条件的要求非常苛刻，每朵蕈菌都是吸收了森林之精华而长成的。每一次品尝，都是一次灵魂的触碰。这样的食材，鲜香中带着奇异的肉感，闻起来又不

奔子栏

输香料，跟各种食物搭配起来都给人以惊喜。

香格里拉出产的蕈菌有着浓郁的香格里拉特色。而面对这些山珍美食，如何保留其营养价值和独特风味，必须从深入了解开始。

采食松茸

一、松茸

（一）营养价值及风味特色

松茸因其独特的香味、营养成分含量丰富且均衡、吸收性好、安全无污染等特点而备受推崇。

1.蛋白质和氨基酸

松茸中蛋白质和氨基酸含量较高，且种类十分丰富，对于维持身体的正常生理功能很有裨益。据分析，香格里拉新鲜松茸中含有约 18.8% 的蛋白质，氨基酸总量为 100～120 毫克 / 克，其中，人体必需氨基酸为 40～46 毫克 / 克，鲜味氨基酸的谷氨酸含量最高，为 18.4～26.9 毫克 / 克，约占总氨基酸含量的 20%。其他游离氨基酸以天冬氨酸、丝氨酸、丙氨酸为主。

2.核苷酸

研究表明，香格里拉松茸子实体中核苷种类最为丰富，共检出尿嘧啶、胞苷、次黄嘌呤、尿苷、腺嘌呤、肌苷、鸟苷、胸苷、腺苷 9 种核苷类成分，总量约为 3.59 毫克 / 克，这些物质能够对人体的免疫能力产生正面影响。

3.脂肪

香格里拉新鲜松茸中脂肪含量仅 1.0%，且多为不饱和脂肪酸（油酸、亚油酸和棕榈酸），其他脂肪酸含量极少，在食用菌当中其粗脂肪含量偏低，符合目前人们对低脂食品的追求。

4.维生素

松茸富含多种维生素，包括维生素 B 族（如维生素 B_1、维生素 B_2、维生素 B_3、维生素 B_5、维生素 B_6 和维生素 B_{12}）、维生素 D、维生素 C 和维生素 E，其中，维生素 C 的含量高于一般果蔬中维生素 C 的含量，维生素 B_1 和维生素 B_2 的平均含量分别为 0.210 毫克 /100 克和 3.665 毫克 /100 克。

5.矿物质

松茸含有多种矿物质，分析显示，其灰分含量约占干重的 7.2%。子实体中主要含有 7 种微量元素，包括钾、铁、镁、铜、锌、钠和钙等，其中，钾 2352 毫克 /100 克、钙 41.6 毫克 /100 克、铁 36.9 毫克 /100 克的含量较高。松茸子实体中对人体有益的锌、钙、镁及铁等元素的含量均高于一般食用菌。这些矿物质对于骨骼健康、血液循环、免疫功能和抗氧化作用都非常重要。

6.膳食纤维

松茸中的膳食纤维有助于消化系统的健康，可以促进肠道蠕动，预防便秘，并有助于维持血糖水平的稳定。香格里拉松茸中粗纤维含量达到 6.9%。

7.香味成分

松茸具有非常特别的风味，可能与其具有的辛醇烯、肉桂酸甲酯、

松茸

高山牧场

辛酮等芳香物质有关。研究表明，松茸子实体中含有 60 多种挥发性香气成分。1- 辛烯 -3- 醇（松茸醇）被认为是松茸风味的最大来源。松茸的香味是否浓郁和持久，是松茸品质优劣的重要标志之一，也是松茸价值的体现。不同产地的松茸，其香味浓郁程度不同，价值差异也较大。

（二）药用保健功效

松茸具有良好的生物活性和药用价值，其组成成分较为复杂，含有多糖、多肽、甾类、萜类、油脂以及多种酶等物质。《中华本草》记载："松蕈功能主治舒筋活络，理气化痰，利湿别浊。"《新华本草纲要》记载："松茸补肾强身、理气化痰，主治腰膝酸软、头昏目弦。"现代药理学研究表明，松茸具有增强免疫力、抗癌、治疗糖尿病、促肠胃、保肝脏、改善心血管疾病、抗衰老、养颜等多种功效。

1. 抗肿瘤

松茸中含有的松茸醇、多糖及活性糖蛋白等在直接杀死肿瘤细胞和诱导肿瘤细胞凋亡方面表现出较强的相关性，其抗癌活性在担子菌抗癌食用菌中名列前茅。

2. 增强免疫力

多糖是松茸的一种重要活性成分，已被研究证实具有免疫调节作用，可以刺激免疫细胞的活性，促进巨噬细胞的吞噬功能，增强自然杀伤细胞（NK 细胞）的活性，以及促进免疫球蛋白的产生，增强机体的免疫防御能力。

3. 抗氧化

松茸中含有的多酚、维生素 C、维生素 E、硒以及多糖类物质均具有较强的抗氧化活性，可以通过多种机制帮助机体减少氧化应激，保护细胞免受自由基的损害。

4. 抗突变

松茸体内含有的一种特殊双链生物活性物质（松茸 RNA）具有超强抗基因突变能力和抗癌作用，通过阻断肿瘤细胞的蛋白质合成，使肿瘤细胞不能分裂繁殖以至死亡；通过破坏肿瘤细胞遗传复制的 DNA，从而达到抗基因突变的目的。

5. 抗辐射

松茸中含有的多糖、多酚和其他生物活性成分具有抗氧化和细胞保护作用，有助于减轻辐射引起的氧化应激和细胞损伤，促进细胞修复机制，加速受损细胞的恢复。

6. 保肝

松茸能够促进自由基清除，抑制或阻断自由基引发的脂质过氧化反应，增强 SOD、CAT、GSH-Px 活性，提高机体抗氧化能力，具有保肝的功效。

7. 抑菌

松茸多糖在体外都有明显的抑制病原菌的作用，随着浓度增大，抑菌效果越明显。在质量分数大于 1% 时，对金黄色葡萄球菌有明显抑菌作用。另外，有报道称，松茸中有一种叫蒎烯的抗菌物质，能够阻止病毒的繁殖。

8. 调节胃肠功能

松茸中粗纤维含量达 29.1%，膳食纤维含量丰富，能有效帮助肠胃蠕动，促进食物的消化吸收，防止便秘。

9. 治疗心血管疾病

松茸中不饱和脂肪酸的含量远远高于饱和脂肪酸，其中，油酸、亚油酸和棕榈酸的含量占脂肪酸的比重很高。油酸、亚油酸等可有效清除人体血液中的垃圾，延缓衰老，还有降低胆固醇含量和血液黏稠度，预防高血压、动脉粥样硬化和脑血栓等心脑血管系统疾病的作用。

（三）传统民间食法

"舌尖尽览画中意，松茸之后莫山珍。"大自然这位造物主早已决定，松茸的味道只荡漾在少数人舌尖。高端食材往往不需要烦琐烹饪方式，松茸这样的臻品更加经不起浓汁厚味的侵蚀，稍稍佐缀些盐，舌尖味蕾在乾坤之间便似与整片森林融为一体。

滋补是一种追求营养的吃法，好的滋补吃法，应当对松茸的营养破坏最少。因此，最常见的滋补吃法有 3 种：刺身、蒸食、煲汤。

1. 松茸刺身

准备新鲜松茸用清水冲洗干净，去除表面的泥沙和杂质，切片摆在冰镇盘里。准备一个小碟，放入适量的青芥末和酱油，搅拌均匀后即可蘸食。也可以根据个人口味加入青柠汁或其他调料。

松茸刺身

2. 松茸汽锅鸡

准备鲜松茸 200 克、土鸡半只、姜片、料酒。土鸡洗净切块、松茸切片备用；鸡块加入少许料酒、适量盐和姜片，放入汽锅中，炖 1 小时后放入松茸片，再炖 2 小时即可出锅。

松茸汽锅鸡

3. 烤松茸

将松茸清理干净（其实无须削皮，只需将松茸底部泥巴去掉，用清水冲洗干净即可），直刀顺长切成约为4毫米厚的片。将松茸片平铺在烤盘上，边烤边刷黄油，烤至熟，呈金黄色时撒上精盐装盘上桌。而在烤制的过程中，熟练的厨师们会根据松茸的大小和厚度，掌握火候和时间，确保每一片松茸都能够被烤得恰到好处，既保留了其原始的鲜美，又增添了烤制的独特风味。

4. 松茸鸡蛋羹

向鸡蛋中加少许盐和水打成糊状，上笼蒸至六成熟，将鲜松茸切片加入，继续蒸至蛋熟即可。这种做法能最大限度地保留松茸的营养成分。

5. 松茸酥

将鲜松茸切成小段，放在由鸡蛋、面粉、盐调制成的糊中，搅拌后用温油炸至金黄色即可。

烤松茸

松茸鸡蛋羹

二、松露

（一）营养价值及风味特色

松露风味独特，有较高的营养价值，是世界公认的最为昂贵的三大食材之一，与鱼子酱、鹅肝并称为"世界三大珍馐"。在 200 多年前出版的美食著作《口味生理学》里曾有对松露的赞美："松露是美食中的钻石。"外表凹凸不平的松露不仅具有无法复刻的独特滋味，营养价值也不容小觑。

1. 主要营养成分

松露含有蛋白质、碳水化合物、矿物质、维生素等营养素，其中，蛋白质含量占干物质质量的 19.59% ~ 27.18%，粗纤维含量占干物质质量的 7.81% ~ 14.89%。从营养价值角度来说，蛋白质含量低于动物类食物但高于蔬菜类，略高于同为菌类的平菇；粗脂肪含量也介于动物类食物与蔬菜之间，但偏向于蔬菜类粗脂肪含量高于平菇；纤维素含量高于蔬菜类及平菇；水分含量与牛肉相近，但低于蔬菜类的含水量；氨基酸分析显示，松露中有 17 种氨基酸，且在干物质中的总量为 9.91 ~ 11.9 克 /100 克，且含有人体所需的所有必需氨基酸，包括甲硫氨酸、半胱氨酸、色氨酸、赖氨酸等含硫氨基酸，而这些氨基酸往往是多种植物来源食物的限制性氨基酸，所以松露是很好的优质蛋白质来源。

2. 风味物质

相对于营养价值，松露更以其独特的风味而闻名。人们常用土腥味、麝香、辛辣等词来形容松露给人带来的嗅觉和味觉感受。目前，鲜松露中鉴定出的挥发性成分有 77 种之多，其中 56 种是对松露风味有重要贡献的醛类、醇酚类，含硫、含氮及其他杂环化合物。黑松露的特征香味成分主要包括丁二酮、二甲基二硫（DMDS）、丁酸乙酯、二巯基琥珀酸（DMS）、3- 乙基 -5- 甲基苯酚等。

3. 矿物质元素

研究表明，松露含有丰富的矿物质元素。松露子实体中磷、钾、镁、铁、钙、锌 6 类矿物质元素含量较高（磷 4840 毫克 / 千克、钾 3204 毫克 / 千克、镁 1058 毫克 / 千克、铁

曲宗贡牧场

835.7 毫克 / 千克、钙 572 毫克 / 千克、锌 74.4 毫克 / 千克），远远超出动物及蔬菜类食物；硒元素含量为 8.73 微克 /100 克。其他矿物质元素含量分别为：钠 143 毫克 / 千克、锗 19.90 毫克 / 千克、镍 1.98 毫克 / 千克。

4. 维生素

松露含有 7 种维生素，分别为维生素 A 641 微克 /100 克、维生素 D 0.1486 毫克 /100 克、维生素 E 0.396 毫克 /100 克、维生素 K 600 微克 /100 克、维生素 C 4.63 毫克 /100 克、维生素 B_1 0.35 毫克 /100 克和维生素 B_2 26.3 毫克 /100 克，其中，维生素 A 和维生素 B_2 的含量比一般食用菌高，这说明松露是很好的维生素来源。

（二）药用保健功效

松露除富含蛋白质、维生素和微量元素外，还含有甾醇、鞘脂、脂肪酸、雄性酮等成分，具有很好的药用价值。松露性甘平，归肺、肾经，具有益气补虚、补肾益精、助阳化气、安神定志之功，适用于气血亏虚、肾气不足、腰膝无力、阳痿遗精、心悸怔忡、病后体虚、发育迟缓、五心烦热、须发早白等。

1. 调节免疫功能和抗肿瘤

糖类是松露的主要成分和能源物质，松露多糖的特点是水溶性好，经常食用松露能增强人体抵抗力、抑制肿瘤，有望开发成为抗肿瘤免疫疗法的药物。另外，从松露中分离得到的神经酰胺类化合物也具有保湿（可以作为皮肤屏障）、抗肿瘤、诱导细胞凋亡、调节免疫等功能，因而松露越来越广泛地被应用于医药、食品和化妆品领域。

2. 调节女性月经周期和性功能

研究结果表明，松露中含有 α – 雄烷醇，是一种活性类固醇化合物，具有独特的麝香气味，其化学结构类似于人体内的性激素，且具有生物活性，能够调节月经周期和性功能。目前，在保健酒和男性香水生产领域商业价值显著，无论男、女食用后都有很好的保健效果。

3. 保护肝脏

松露中含有丰富的维生素 A、维生素 C、β – 胡萝卜素和酚类化合物等抗氧化成分，能够强烈清除自由基，从而抵抗四氯化碳（CCl_4）对肝脏造成的损伤，起到保护肝脏的作用。

4. 抗菌

松露提取物对革兰氏阳性菌包括枯草芽孢杆菌和金黄色葡萄球菌均具有抗菌活性。提取溶剂不同，松露提取物的抗菌活性也有所不同，乙醇提取物对于革兰氏阳性菌和阴性菌具有广泛的抗性，水提取物可以抑制铜绿假单胞菌、金黄色葡萄球菌生长。

5. 抗氧化

松露中含有丰富的多糖、酚类和黄酮类物质，多糖的提取率在 20% 左右，抗氧化活性较好，在自由基清除方面甚至优于维生素 C，具有很好的应用前景。

松露

（三）传统民间食法

1. 松露刺身

鲜松露 200 克，用清水洗净后削皮，切成 1 毫米厚的片备用，黄瓜切片备用。把切好的松露和黄瓜用冰水加盐水镇几分钟，然后摆盘点缀一下，淋上豉油即可上桌。取之放到嘴里细细咀嚼，黑松露的香气慢慢释放，麝香、蜂蜜、奶酪、香草等各种复杂而馥郁的香气在口腔中肆意碰撞，让人欲罢不能。

2. 松露扣鹅肝

冻松露先水煮，熟后去皮切成 3 毫米厚的片，鹅肝切成 2 厘米厚的片。红椒片清炒放盘边，洋葱煎一下放盘中，松露和鹅肝用黄油煎熟，煎香后装盘。炒锅再上火，下黄油、香菜粒、洋葱粒、火腿粒、青红椒粒炒香后加黑椒汁熬几分钟，调味加入香葱勾芡，最后把酱汁淋在松露和鹅肝上，即可上桌。

3. 乌鸡松露汤

将松露鲜品清洗或松露干品用温水浸泡发账、洗净按约 1 厘米厚度切片。将宰杀洗净后的鸡放入锅内，加入水约 3 升，放入葱、姜片武火烧至沸腾，加入松露，盖严锅口，烧沸后转文火炖约 3 小时，加入调料即可。

黑松露虾仁蒸蛋

4. 黑松露虾仁蒸蛋

鸡蛋液搅拌均匀，加入温水及少量盐，搅拌均匀后的蛋液撇去浮沫，过筛。套上保鲜膜，牙签扎孔，水开蒸 10 分钟后，放入虾仁及切片的松露，再蒸 5 分钟，关火。滴几滴生抽即可。平淡无奇的蒸鸡蛋遇上了香气独特的黑松露，不仅中和了鸡蛋淡淡的腥味，还让黑松露的香气更加香浓。

5. 黑松露酱

黑松露酱是法国人的"老干妈"，味道纯正又百搭，也特别符合中国人的口味，还能长期存储。想吃了随时舀 1 勺放入鸡蛋里，做一道煎鸡蛋或者拌饭、拌面吃，都特别香。

黑松露酱的做法也特别简单，将黑松露切碎（不用太碎，有些颗粒口感更好），橄榄油冷油入锅，加入黑松露碎和少许食盐（也可以按个人口味加入些蒜末），小火熬制，边熬边搅拌，等黑松露的香气溢出后，就能出锅了。

松露刺身

老窝山

三、松乳菇

（一）营养价值及风味特色

松乳菇味道鲜美，营养丰富，具有较高的食用价值。

1. 主要营养成分

松乳菇子实体粗蛋白含量为 19.03% ~ 24.27%，粗脂肪含量为 5.02% ~ 6.84%，高于人工栽培香菇中粗蛋白和粗脂肪含量。粗纤维的含量为 11.52% ~ 15.26%，这在食用菌中属粗纤维含量较高的种类。总糖含量为 23.89% ~ 37.41%，同常见食用菌，如香菇、平菇等多糖含量相当。灰分含量为 5.28 % ~ 7.42%。

2. 氨基酸

松乳菇子实体氨基酸总量（15.148 毫克 /100 克）远高于常见食用菌香菇的氨基酸总量（9.861 毫克 /100 克），松乳菇中也含有较为齐全的必需氨基酸种（8 种），必需氨基酸占氨基酸总量的 32%。松乳菇子实体含有较高的谷氨酸（2.930 毫克 /100 克）、天冬氨酸（1.142 毫克 /100 克），这也是松乳菇有较强烈鲜味的原因。

3. 矿物质元素

松乳菇中富含磷（6.44 毫克 /100 克）、镁（1.18 毫克 /100 克）、锌（0.19 毫克 /100 克）等人体易缺少的矿物质元素。其他矿物质有钾（20.02 毫克 /100 克）、钙（0.47 毫克 /100 克）、铜（0.01 毫克 /100 克）、锰（0.02 毫克 /100 克）、钠（0.40 毫克 /100 克）。

（二）药用保健功效

松乳菇富含多糖、蛋白质、粗纤维、氨基酸、不饱和脂肪酸、核酸衍生物、维生素 B_1、维生素 B_2、维生素 C、维生素 PP、倍半萜类、甾体

松乳菇

以及芳香类化合物等成分，具有提高免疫力、益肠胃、清除自由基、治疗糖尿病、抗肿瘤等药用价值。

1. 抗肿瘤

松乳菇含有多糖、倍半萜类和甾体类物质，这些是其具有清除自由基、治疗糖尿病、提高免疫力和抗肿瘤作用的重要原因。松乳菇多糖能够显著抑制移植性肿瘤 S–180 的生长，具有时间和剂量浓度依赖性的抑制作用，通过解剖发现对小鼠脏器均无明显的损伤及毒副作用，能增加其胸腺指数，显示出一定的免疫调节活性。此外，松乳菇凝集素处于 30℃ 左右时活力最强，具有抗肿瘤活性，对人体宫颈癌 HeLa 细胞有明显的抑制作用。

2. 消除自由基

通过对松乳菇多糖的总还原力，以及 OH 自由基、O^{2-} 自由基和

DPPH 自由基清除力的测定，发现松乳菇多糖有天然的抗氧化能力，且抗氧化能力与多糖浓度呈剂量依赖，其 IC_{50} 值分别为 0.855 毫克 / 毫升、1.147 毫克 / 毫升、1.126 毫克 / 毫升。

3. 抗菌

松乳菇具有一定的抗菌活性，其热水提取多糖工艺流程各环节的提取物中，抗菌成分主要存在于有机相中，对细菌、真菌均有较明显的抑制作用；水相（含多糖等）对放线菌和部分真菌有抑制作用。

（三）传统民间食法

1. 松乳菇烧肉

首先，将松乳菇上的泥土清除干净后于清水中浸泡一段时间后洗净待用；锅中烧热水后将清洗好的松乳菇掰成小块焯水 2 分钟后捞出沥干待用；油锅烧热后将腌制好的肉类加入煸炒，然后加入葱、姜、蒜翻炒后加入松乳菇翻炒，变软后加入适量的水和葱花，最后加入食盐、味精等调味品翻炒均匀后便可出锅。

2. 红烧松乳菇

将松乳菇清洗干净后切成均匀的片状待用；锅中烧热水后将切好的松乳菇焯水后捞出沥干待用；油锅烧热后加入松乳菇翻炒，加入适量的食盐和鸡精便可出锅食用。

3. 松乳菇养生汤

将松乳菇洗净，剪去菌柄，切片后用盐水浸泡 10 分钟。将里脊肉切细丝，加入淀粉、香油、生抽、料酒腌制。豆腐焯盐水备用，火腿切片。油锅炒热后，姜片炝锅，加入松乳菇小火煸至出汁且汤汁黏稠。之后加入高汤煮沸，撇去浮沫，加入豆腐、火腿、肉丝，大火开锅后迅速关火装盘即可。

4. 素炒松乳菇

松乳菇洗净撕成小块，大蒜、辣椒切片备用。热锅入油烧热，下蒜片、辣椒爆香。大火，菌入锅翻炒，撒适量盐，炒熟后即可出锅。

素炒松乳菇

四、荷叶离褶伞

（一）营养价值及风味特色

荷叶离褶伞（冷菌）味道鲜美，肉肥厚细腻、气味芳香，不但风味独特，而且营养价值丰富。

1. 蛋白质及氨基酸

研究表明，荷叶离褶伞蛋白质含量高达 21.4%，17 种氨基酸种类齐全，必需氨基酸含量 6.02 克 /100 克，占氨基酸总量（16.82 克 /100 克）

的 35.78%，高于金针菇和香菇；且必需氨基酸之间的比例适宜，各项指标均接近 FAO/WHO（1973 年）推荐的蛋白质成分模式，更有利于人体吸收，是一种十分理想的蛋白质来源。

2. 维生素

经测定，100 克荷叶离褶伞子实体中含有维生素 B_1 0.068 毫克、维生素 B_2 4.26 毫克、维生素 B_6 590 微克、维生素 B_{12} 55.7 微克、烟酸 21.2 毫克。

3. 矿物质

1 千克荷叶离褶伞子实体中含有对人体有益的锌 50.0 毫克、铜 19.0 毫克和硒 0.013 毫克。

（二）药用保健功效

荷叶离褶伞子实体中粗蛋白、氨基酸含量较高，脂肪含量低，含有对人体有益的微量元素锌、铜和硒以及大量的维生素 B_1、维生素 B_2、维生素 B_6、维生素 B_{12} 和烟酸，具有很高的营养价值。同时，它的子实体是一种传统药物，性平、味甘，其主要成分荷叶离褶伞多糖，具有抗肿瘤、降血糖、降血脂等生物活性。该菌在国内外深受消费者青睐，有着广阔的开发前景。

1. 抗肿瘤

荷叶离褶伞的萃取物可以抑制 K–562、Hep–G2 和 SW620 肿瘤细胞的增殖，且石油醚部位抑制效果最强，IC_{50} 值分别为 12.3 微克 / 毫升、67.2 微克 / 毫升、16.8 微克 / 毫升。荷叶离褶伞水提物中的（1 → 3）–β –D 型、（1 → 6）–β –D 型和（1 → 3，1 → 6）–β –D 型多糖对小鼠 S180 癌细胞有抑制活性，且（1 → 3）–β –D 型多糖可通过调节机体自身免疫机制发挥作用。

2. 降"三高"

荷叶离褶伞水提液通过降低血糖和血清胰岛素的含量，增加肌肉质膜 GLUT4 蛋白含量，发挥降低遗传性 2 型糖尿病伴高胰岛素血症的血糖作用；通过抑制血管紧张素转换酶（ACE）活性达到降血压效果。其子实体、热水提取物、粗多糖和乙醇提取物均可降低小鼠机体内胆固醇水平。

3. 抗氧化

荷叶离褶伞可以清除小鼠体内自由基，保护抗脂质过氧化和自由

细胞下降，发挥抗辐射、增强免疫力的作用。

（三）传统民间食法

1. 素炒冷菌

冷菌 200 克，洗净后撕成小块。蒜切片，辣椒切丝备用。热锅入油烧热，下辣椒、蒜片爆香。大火，菌入锅翻炒，表面均匀撒盐，翻炒 1 ~ 2 分钟即可出锅。

2. 冷菌炖土鸡

冷菌 100 ~ 200 克洗净备用。把鸡肉切成小块，然后再把腊肉 200 ~ 250 克（最好是肥肉）放入锅中炼出油，接着把鸡肉放入锅中，同时放生姜、草果、盐，炒 5~10 分钟。向锅中加适量水，再放入冷菌，用文火炖 1 ~ 2 小时即可。

3. 冷菌汽锅鸡

取适量冷菌洗净备用，土鸡切块清洗干净。把生姜铺在汽锅底部，放入鸡块，鸡块上摆冷菌、葱段，撒上适量盐。蒸 2 ~ 3 小时即可出锅。

荷叶离褶伞（冷菌）

基损伤，且多糖的抗氧化活性在 0 ~ 1.0 毫克 / 毫升质量浓度内表现出剂量依赖关系，多糖质量浓度在 1.0 毫克 / 毫升时，对 DPPH 自由基清除率为 $45.87\% \pm 2.12\%$，IC_{50} 值为 1.40 毫克 / 毫升；对 ABTS 自由基清除率为 $76.49\% \pm 1.56\%$，IC_{50} 值为 0.44 毫克 / 毫升。

4. 抑菌作用

荷叶离褶伞多糖对四叠球菌和黑曲霉有抑制作用，最小抑菌浓度达到 1.094 微克 / 毫升。在不同溶剂的荷叶离褶伞提取物中，甲醇提取物对细菌有显著的抑制活性，且对革兰氏阳性菌比阴性菌抑制率高；丙酮提取物对真菌的抑制活性最显著，其中对弯孢菌的抑制作用优于曲霉菌和链格孢。荷叶离褶伞多糖和不同萃取部位可以不同程度地使鼠伤寒沙门氏菌、金黄色葡萄球菌和克氏库克菌受到抑制。

5. 抗辐射

荷叶离褶伞热水提取物通过增强自然杀伤细胞（NK）、淋巴因子激活的杀伤细胞（LAK）的细胞活性和小鼠的机体免疫力，减轻辐射所致的白

冷菌汽锅鸡

五、羊肚菌

（一）营养价值及风味特色

羊肚菌不但风味独特，而且营养价值高，呈现出高优质蛋白质、低热能、低脂肪的特点，有"素中之荤"的美称。

1.蛋白质

羊肚菌含有较高的蛋白质（25%以上），其与标准蛋白（全鸡蛋模式）的贴近度为0.86，是一种优质的植物性蛋白质来源。

2.氨基酸

羊肚菌是一种富含氨基酸的食用菌，氨基酸总量22～26毫克/100克，含有8种必需氨基酸和多种非必需氨基酸，必需氨基酸/非必需氨基酸比值（E/N）达到0.54～0.61。尤其是谷氨酸和天冬氨酸的含量较高，占氨基酸总量的25%～29%，是赋予羊肚菌独特鲜味的关键成分，也是人体生长发育和健康维护的重要成分。

3.膳食纤维

羊肚菌富含膳食纤维（16%～22%），有助于促进肠道健康，预防便秘。

4.维生素和矿物质

羊肚菌含有多种维生素和矿物质，包括维生素B族（维生素B_1含量0.82~1.51毫克/100克、维生素B_2含量0.44~0.81毫克/100克）、维生素E（含量7.8~9.76毫克/100克）、钾（含量765.43~3260毫克/100克）、钙（含量14.9~45.03毫克/100克）、铁（含量5.1~72.8毫克/100克）和锌（含量4.47~79.45毫克/100克）等。

5.风味特色

羊肚菌的风味独特，具有浓郁的坚果香气和微妙的泥土味，口感丰富，质地柔软而有弹性。羊肚菌中的几种稀有氨基酸，如顺-3-氨基酸、C-3-氨基-L-脯氨酸、α-氨基异丁酸和2,4-二氨基异丁酸等，是羊肚菌奇鲜风味的主要成分。干燥后的羊肚菌风味更加浓郁，

羊肚菌

味道复杂而深沉，适合用于制作汤料或调味料。

（二）药用保健功效

羊肚菌是食（药）用菌中珍品之一，含有丰富的营养成分，包括蛋白质、脂肪、多糖、粗纤维、核黄素、烟酸、叶酸、维生素、酶类、吡喃酮抗生素、甾醇和皂苷等。《本草纲目》记述羊肚菌有"干寒无毒，益肠胃，化痰利气，补脑提神"等功效，民间常用于治疗消化不良、痰多气短及其他呼吸道疾病，疗效显著。现代医学研究表明，羊肚菌有降血脂、调节机体免疫力、抗疲劳、保肝、抗病毒、抑制肿瘤、减轻放、化疗引起的毒副作用等功效，在食品、保健和药品等方向具有广阔的市场和极大的应用前景。

1.抑制肿瘤和改善机体免疫力

用羊肚菌液体发酵制品灌胃小鼠，结果表明，羊肚菌发酵液能抑制小鼠肉瘤S180，可直接刺激小鼠脾淋巴细胞增殖，具有明显的抗肿

瘤效果。羊肚菌中的三萜类化合物对 4 种癌细胞（结肠癌细胞 T-9、肝癌细胞 Hep-G2、前列腺癌细胞 PC-9 和宫颈癌细胞 HeLa）的增殖具有显著的抑制作用。羊肚菌的子实体、菌丝体或发酵液对小鼠的细胞免疫、体液免疫及非特异性免疫有增强作用。研究表明，羊肚菌菌丝体多糖不仅能激活 T 淋巴细胞，还可以促进腹腔巨噬细胞内 NO 的合成，是医学和食品工业中潜在的新型免疫增强剂。

2. 促进胃肠蠕动和排空

运用小肠推进试验研究羊肚菌对小肠推进作用和促进排空的功效，结果显示，1.50 克 / 千克剂量的羊肚菌提取液给药，可明显增进正常小鼠的胃肠运动，出现较好的量效关系；羊肚菌提取液对新斯的明负荷小鼠的胃肠推进亢进有显著的拮抗作用。吴映明采用改良酚红含量测定法探索羊肚菌对小鼠胃排空的影响，研究显示，羊肚菌提取液以一次性 6 克 / 千克的给药剂量可非常显著地促进正常小鼠的胃排空；对新斯的明负荷小鼠引起的胃排空亢进有显著的拮抗作用；对肾上腺素负荷小鼠引起的胃排空抑制没有明显影响。

3. 消除疲劳

通过喂食小白鼠羊肚菌，进行小鼠负重游泳实验。实验测定血乳酸、滴定血清尿素氮和测定肝糖原，结果证明，一定剂量的羊肚菌粉具有消除疲劳的作用。

4. 保护肝脏

喂食小鼠羊肚菌，使用 CCl_4 法进行肝损伤造模实验，测定小鼠的血清谷丙转氨酶、谷草转氨酶和肝脏指数指标，分析它们的变化趋势，同时检测肝匀浆中超氧化物歧化酶（SOD）和丙二醛（MDA）含量，研究结果发现，喂食羊肚菌的小鼠，其体内的谷丙转氨酶显著减少，谷草转氨酶活性明显降低，肝脏中 MDA 含量和肝脏指数也随之下降，但是 SOD 的活性却显著增强，证明羊肚菌胞内多糖对小鼠肝脏的损伤有明显的保护作用。

5. 保护肾脏

采用顺铂和庆大霉素导致小鼠肾毒性的实验，研究羊肚菌菌丝水 - 乙醇提取液对小鼠肾脏的保护作用，研究发现，当羊肚菌菌丝水 - 乙醇提取液的剂量为 250 毫克 / 千克和 500 毫克 / 千克时作用显著，可明显降低小鼠血清尿素和肌酐含量，增强小鼠 SOD、CAT 和 GPX 的活性。实验证明，羊肚菌确实能保护小鼠的肾脏，预防肾脏伤害。

6. 降血糖

羊肚菌胞外多糖 MEP（主要为中性多糖，并含有少量酸性多糖）能够有效抑制 α - 葡萄糖苷酶和 α - 淀粉酶的活性，抑制率分别达 53.13% 和 54.76%。此外，MEP 还具有一定的胆酸盐结合能力，呈现剂量依赖效应。在浓度为 5 毫克 / 毫升时，MEP 对胰脂肪酶的抑制率达 30%，还能够一定程度上抑制葡萄糖的扩散。结果表明，MEP 具有较强的降血糖、降血脂活性，但其机理还需进一步研究。

7. 抗炎

羊肚菌胞外囊泡可以通过抑制 ROS 的产生和降低 p38 MAPK 信号通路的磷酸化水平来抑制 LPS 诱导的炎症反应，提示羊肚菌胞外囊泡可作为一种潜在的抗炎物质用于炎症性疾病的治疗。

（三）传统民间食法

1. 羊肚菌炖鸡

羊肚菌干品用温水泡开，泡过的水去除沉淀物留下备用；鸡处理干净后切块，放入沸水焯一下，捞出洗净。锅内倒入泡过菌的水、清水、鸡，用大火烧开；烧开后撇去浮沫，放入羊肚菌，小火慢炖。加入枸杞、红枣等调料，用中火慢炖；鸡肉炖熟后出锅即可。

羊肚菌炖鸡

羊肚菌红烧肉炖蛋

2. 羊肚菌红烧肉炖蛋

将羊肚菌干品或者新鲜羊肚菌清洗干净。五花肉洗净切块，加入酱油、料酒、蜂蜜搅拌均匀，腌制20分钟。油锅烧至五成热，放入五花肉炸至金黄，捞起滤油，加入羊肚菌翻炒，再加入鹌鹑蛋大火焖煮10分钟左右，转文火再炖20分钟，最后加入味精、胡椒粉即可。

六、金耳

（一）营养价值及风味特色

金耳胶质细腻，食之软糯滑润、气味清香，具有较好的滋补作用与较高的营养价值。

1. 多糖

金耳多糖含量高达为37.8%，而一般食用菌的多糖含量为2.5%～15.3%。金耳是目前已知文献中多糖含量最高的食用菌，较"中华仙草"石斛的多糖含量（29.0%）更高。

2. 蛋白质和氨基酸

金耳的蛋白质含量为12.4%，氨基酸总量为9.72%，含有17种氨基酸。其中，人体必需氨基酸7种，

且鲜味氨基酸谷氨酸、天冬氨酸和组氨酸是金耳的主要氨基酸，分别占1.18%、1.07%和0.70%。

3. 维生素

金耳中已检出6种维生素，包含维生素A及β-胡萝卜素（VA原）、维生素B_1、维生素B_2、维生素C和维生素D，其中，β-胡萝卜素含量为4.32毫克/100克，与绿叶蔬菜相当；维生素D含量743微克/100克，高于肉制品、鸡蛋和鱼类，可作为素食者的维生素D摄入源。

4. 矿物质

灰分是矿物质及微量元素的重要表征之一，金耳中灰分含量为6.51%±0.07%，含有钙、铁、锌、硒、钾、钠等15种矿物质元素，其中，钙、铁、锌、钾、硒元素含量分别达475.93（±2.35）毫克/千克、81.2（±2.4）毫克/千克、21.1（±0.6）毫克/千克、1271.39（±5.68）毫克/千克、49.96（±3.20）毫克/千克，这些元素皆是人体中相对容易缺乏的元素。

（二）药用保健功效

金耳含有多糖、氨基酸、蛋白质、维生素、矿物质及其他化学成分，具有抗氧化、

金耳

降血糖、降血脂、增强免疫力、抗炎、抗凝血和抗肿瘤等多种生物活性。《本草纲目》记载："其金黄色者可治癖饮积聚，腹痛金疮"，有"补益身心""转弱为强""延年益寿"之功效，是古时与人参、鹿茸并列的珍品、贡品。

1. 防治高脂血症、降血糖

研究表明，金耳及金耳多糖在治疗高血脂方面有一定效果。将金耳菌丝体多糖应用于高脂血症小鼠，发现小鼠体内低密度胆固醇含量较对照显著降低。金耳酸性多糖 TAP 和其降解产物都可使小鼠的胆固醇和三磷酸甘油酯水平显著降低。金耳子实体多糖具有极显著地降低正常或 2 型糖尿病血糖的功效，长期服用也具有降血糖功效而无毒副作用。

2. 抗癌

金耳多糖被证明其有直接抑制癌细胞生长，诱导机体抗癌因子活性，或通过增强机体免疫力抑制和杀死癌细胞等功效。试验证明，金耳多糖 TAP2 是金耳中有效的抗癌成分，它可能的作用机理是激活脾脏细胞和腹腔渗出细胞产生的肿瘤坏死因子（TNF-α）、白细胞介素 1（IL-1β）及一氧化碳合成酶，直接或间接地杀死癌细胞。

3. 调节免疫功能

金耳具有增强非特异性免疫的功能，能够提高和改善机体免疫力，某些指标具有与人参同等的功效。其生物活性主要表现在促进免疫器官（胸腺、脾）的发育、促进淋巴细胞转化为淋巴母细胞、提升巨噬细胞的吞噬能力、促进血清溶血素抗体形成、增加 B 淋巴细胞的碱性磷酸酶活性、增加腹腔分泌细胞和循环白细胞的数量等方面。

4. 抗氧化

金耳中富含的金耳多糖、金耳多酚、β-胡萝卜素、黄酮类物质都具有非常高的抗氧化活性，是优质的抗氧化食材。

5. 护肝保肝

金耳多糖具有明显的降低肝脂肪的作用，可显著提高肝脏的葡萄糖激酶、己糖激酶和葡萄糖 -6- 磷酸脱氢酶的活性，起到保护肝细胞，调节或稳定肝细胞功能的作用，可作为肝病治疗辅助用药。

6. 消炎止咳平喘

金耳能松弛气道平滑肌，促进呼吸道健康，在以小鼠为对象的氨水引咳试验中可延长咳嗽发生的潜伏期；预防性服用金耳子实体浸液有助于实验动物镇咳祛痰。在西藏和云南迪庆，民间常用金耳治疗哮喘和气管炎。传统中医认为，金耳对肺热、多痰、感冒咳嗽、气喘等具有一定疗效。

（三）传统民间食法

1. 金耳刺身

准备 1 朵金耳，烧一大锅开水（水的深度没过金耳为宜），水开后加入金耳，煮 3 分钟。3 分钟后捞出，放入凉水中冷却（如果家里有冰块更好，加速冷却）。冷却后的金耳沥干水分，切成 4 毫米左右的薄片。与其说是"切"，不如说是用刀慢慢施加压力"压"下去，下刀太快容易切断且不能片出完整的形状。摆盘，调酱汁（生抽加纯素芥末酱）。

金耳刺身

2. 蜜汁金耳

将金耳洗净，去杂质及褐色组织，放入碗内，加适量冰糖及清水 300 克，放在锅内蒸 15 分钟。用 12 把小匙，将鸽蛋放入每个匙中，放入锅内蒸 5 分钟，将鸽蛋从匙中取出。将原来蒸金耳的糖水滤去，金耳倒入锅中加蜂蜜烧开，将金耳、鸽蛋、樱桃放入一大碗中，将锅内煮好的蜜糖汁倒入碗内即成。

3. 金耳粥

将金耳洗净去渣，粳米淘洗干净，一起入锅，加清水小火煮至粥熟，

冰糖红枣金耳

加冰糖即成。

4. 冰糖红枣金耳

将金耳洗净去渣，放入碗内加适量清水，上火蒸 15 分钟。取红枣、枸杞数颗洗净放入锅内，将金耳的汁液倒入锅内，再加清水，适量冰糖，小火煮 30 分钟，最后将蒸好的金耳倒入再煮 10 分钟即成。

七、牛肝菌

（一）营养价值及风味特色

牛肝菌味道鲜美，营养丰富，是人们颇为喜欢的野生食用菌之一。

1. 蛋白质和氨基酸

牛肝菌种类丰富，食用广泛的黄牛肝菌、黑牛肝菌和美味牛肝菌干品粗蛋白含量为 27.93% ~ 35.82%，高于普通的水果和蔬菜，可媲美肉类食物；牛肝菌所含的氨基酸种类大约有 18 种，平均总量为 16.62 克 /100 克，其中 8 种是人体所必需的氨基酸，这 8 种氨基酸在总氨基酸中的比例为 41.62% ~ 47.18%，接近优质蛋白鸡蛋，属于理想蛋白质范畴。

2. 矿质元素

牛肝菌均富含磷、钾、铁、硒等矿物质元素，尤其是磷、钾，其含量分别高达 234 ~ 401 毫克 /100 克、2571 ~ 2953 毫克 /100 克；铁元素平均含量 48.06 毫克 /100 克，锌元素平均含量 55.58 毫克 /100 克，高于香菇、茶树菇，表明牛肝菌为富锌的健康食材，有利于人体健康。

3. 风味物质

美味牛肝菌风味测定中发现了 56 种挥发性成分，其中 1- 辛烯 -3- 醇的相对含量为 9.918%，对风味的贡献最大，是美味牛肝菌最重要的特征风味物质；11 种含氮含硫杂环类化合物中 3-（甲基硫代）丙醛（3.137%）的相对含量最高。吡嗪类化合物也是牛肝菌干制品特色香气的主要贡献源之一。

（二）药用保健功效

中国与牛肝菌最早的相关记载是明朝兰茂撰写的《滇南本草》，里面就有"牛肝菌，气味微酸、辛、平，主治清热解烦，养血和平"之说。牛肝菌除含蛋白质、氨基酸、还原糖、脂肪、膳食纤维及多种矿物质等营养成分外，还含有多糖、黄酮、多酚、甾体及萜类化合物等多种生物活性成分，具有抗氧化、抗肿瘤、抑菌等生理功能，有着较高的食、药两用价值。

1. 抗氧化

低剂量牛肝菌提取物有助于增强机体清除自由基的能力，减轻因脂质过氧化导致的机体损伤；牛肝菌多糖对 OH^- 与超氧阴离子均具有较强的抑制作用，且随着多糖浓度的增加，抗氧化能力呈现剂量依赖性，其中，美味牛肝菌中多糖含量最高，抗氧化能力明显优于其他品种。同时，牛肝菌中的酚类和黄酮也具有增强机体清除自由基的能力。

2. 抗疲劳

低剂量美味牛肝菌多糖提取成分灌胃小鼠进行负重游泳试验表明，美味牛肝菌多糖能延长小鼠游泳时间，且可以产生良好的抗疲劳效果。牛肝菌多糖明显降低了血清中血尿素氮含量，并且提高了小鼠的乳酸脱氢酶活性。

3. 抗肿瘤

将美味牛肝菌粗多糖腹腔注射作用于小鼠，发现对小白鼠肉瘤 S180 的抑制率为 100%，对艾氏腹水瘤的抑制率为 90%，并且使 S180 荷瘤小鼠的生命延长 18.78%。研究表明，相比阳性对照药物环磷酰胺的优越性体现为副作用很小，同时能相对提高小鼠的体重，说明美味牛肝菌粗多糖具有明显的抗肿瘤作用，并且可在一定程度延长患病动

牛肝菌（白牛肝菌）

物的生命周期，可以作为比较安全的抗肿瘤候选药物。

4. 增强免疫

美味牛肝菌含多糖、脂类、蛋白质及多种必需氨基酸，提取液灌胃小鼠试验表明，牛肝菌能提高小鼠血清溶血素、碳粒廓清指数、小鼠足趾 DTH 等指标，明显增加脾脏和胸腺的质量，并且对机体的体液免疫有促进作用，提高小鼠机体细胞免疫功能，对非特异性免疫也有明显的改善作用。此外，美味牛肝菌脂溶性成分对小鼠的免疫功能高于水溶性成分，且美味牛肝菌对雌性小鼠的免疫增强作用强于雄性小鼠。

（三）传统民间食法

1. 牛肝菌猪骨汤

将牛肝菌干品用清水清洗，浸泡半个小时。猪脊骨焯水洗净，准备完成后，将泡好的牛肝菌和焯过水的脊骨一起入锅加水烧开，文火炖 2 小时。出锅前，加盐调味，也可以额外加些鸡精。煮好的汤表面会有些浮油，撇去即可。

2. 爆炒牛肝菌

牛肝菌洗干净，切成硬币大小的厚度。将蒜片、干辣椒切好备用。锅中放油，至油温八成热时，放入蒜片和干辣椒爆香。紧接着放入牛肝菌大火猛炒，一定要将牛肝菌炒软。可以根据喜好将干辣椒改用青椒，最后加入盐即可。

3. 牛肝菌焖饭

腊肠、牛肝菌切片备用。起锅烧油，放蒜片，依次将腊肠、牛肝菌放入翻炒，直到腊肠出油，菌子缩水，加入生抽、盐、糖出锅。将泡好的米沥干水放在锅里铺平，炒好的料头铺在米饭上，加水没过米饭后盖上锅盖焖煮半小时左右，焖好后可根据咸淡加入适量生抽，撒上葱花拌匀。

爆炒牛肝菌

牛肝菌焖饭

牛奶海

主要参考文献

［1］中国地理百科丛书编委会 . 香格里拉高原［M］. 广州：世界图书出版社，2017.

［2］勒安旺堆 . 迪庆藏族自治州志（上）［M］. 昆明：云南民族出版社，2003.

［3］杨世瑜 . 横空出世：三江并流地质奇观［M］. 昆明：云南民族出版社，2003.

［4］提布，郭相，赵卫东，等 . 白马雪山曲宗贡野生蘑菇图鉴［M］. 昆明：云南科技出版社，2019.

［5］李菊雯 . 三江并流区植物多样性和各片区特点综述［J］. 科技信息，2009（15）：4.

［6］杨学光 . 香格里拉县林业志［M］. 昆明：云南民族出版社，2006.

［7］《迪庆藏族自治州概况》编写组 . 云南迪庆藏族自治州概况［M］. 北京：民族出版社，2007.

［8］郭立群 . 云南三江并流区森林地理分区（一）［J］. 西部林业科学，2004，33（2）：6.

［9］谢作轮，肖冬梅，黄浩鸿，等 . 青藏高原东南缘三江并流区植被物候时空变化及其影响因素分析［J］. 嘉应学院学报，2023，41（6）：78-87.

［10］王立东 . 三江并流区山地土壤发生特性与系统分类［D］. 昆明：云南农业大学，2009.

［11］明庆忠，史正涛，张虎才 . 三江并流区地貌与环境演化研究［J］. 热带地理，2006，26（2）：4.

［12］明庆忠 . 纵向岭谷北部三江并流区河谷地貌发育及其环境效应研究［D］. 兰州：兰州大学，2006.

［13］么宏伟，佟立君，付婷婷，等 . 松茸食药用价值研究进展［J］. 安徽农业科学，2015，43（5）：67-69.

［14］刘利平，李德顺，张劲松，等 . 不同产地松茸子实体营养和功能成分比较［J］. 中国食用菌，2022，41（12）：31-38.

［15］陈艳，蒋星月，刘秋妍，等 . 松茸的食药价值及产品开发现状研究［J］. 食品与发酵工业，2023，49（16）：314-322.

［16］呼鑫荣，熊海宽，薛文通 . 松露的组成成分及功能活性研究进展［J］. 食品工业科技，2017，21（38）：341-345.

［17］刘长姣，于徊萍，李玉 . 块菌有效成分和活性研究进展［J］. 安徽农业科学，2012，40（4）：2017-2019.

［18］任新军，刘培贵，张学忠，等 . 3 种野生块菌营养成分比较分析［J］. 食品研究与开发，2021，48（8）：140-145.

［19］宋盛英，王勇，苏上，等 . 橙黄色、紫褐色松乳菇的营养成分比较［J］. 食用菌，2020，42（1）：60-62.

［20］敖常伟，惠明，李忠海，等 . 松乳菇营养成分分析及松乳菇多糖的提取分离［J］. 食品工业科技，2003（09）：77-79.

［21］张园园，张驰 . 松乳菇多糖生物活性的研究进展［J］. 山东化工，2021，50（2）：92-93.

［22］陈杨琼，丁祥，伍春莲，等 . 松乳菇多糖抗肿瘤和免疫调节活性研究［J］. 食用菌学报，

2012，19（3）：73-78.

［23］李晓，李玉.中国离褶伞属真菌研究进展［J］.食用菌学报，2009，16（3）：75-79.

［24］张汉燊，张芬琴，王小明，等.荷叶离褶伞子实体营养成分分析与评价［J］.菌物学报，2008，27（5）：696-700.

［25］冯云利，汤昕明，余金凤，等.离褶伞属真菌研究概况［J］.食用菌，2019，8：64-69.

［26］姜春如，曲秋蓉，宋凯丽，等.离褶伞属真菌化学成分及其生物活性的研究进展[J].菌物研究，2022，20（1）：72-78.

［27］孙巧弟，张江萍，谢洋洋，等.羊肚菌营养素、功能成分和保健功能研究进展［J］.食品科学，2019，40（5）：323-328.

［28］顾可飞，李亚莉，刘海燕，等.牛肝菌、羊肚菌营养功能特性及利用价值浅析［J］.食品工业，2018，39（5）：287-291.

［29］田金凤，尚远宏，肖宗妮.羊肚菌的营养成分、功能和加工的研究进展［J］.食品工业科技，2024，45（9）：419-428.

［30］蔡英丽，马晓龙，刘伟.羊肚菌营养价值与保健功能综述［J］.食药用菌，2020，29（1）：20-27.

［31］李曦，邓兰，周娅，等.金耳、银耳与木耳的营养成分比较[J].食品研究与开发，2021，42(16)：77-82.

［32］王斐斐，郑永标.金耳的化学成分、生物活性及产品开发研究进展[J].食药用菌，2022，30(5)：356-361.

［33］杨林雷，李荣春，曹瑶，等.金耳及金耳多糖的药用保健功效及其机理研究进展［J］.食药用菌，2021，29（3）：176-182.

［34］何容，罗晓莉，李建英，等.金耳研究现状与展望［J］.食药用菌，2019，27（1）：41-47.

［35］顾可飞，刘海燕，李亚莉，等.3种牛肝菌营养成分差异性分析[J].中国食用菌，2017，37(1)：50-54.

［36］邓雅元，游金坤，华蓉，等.3种常见野生牛肝菌和3种大宗人工食用菌营养成分分析［J］.中国食用菌，2022，41（3）：45-48.

［37］兰茂.滇南本草［M］.昆明：云南人民出版社，1959.

［38］郭磊，阚欢，范方宇，等.牛肝菌的营养价值及综合利用现状与前景［J］.食品研究与开发，2021，42（1）：199-203.

黄山羚牛

后 记

　　食用过蕈菌的人都能感受到它香嫩脆美的独特风味，菌类在古籍中常称之为芝、蕈（xùn）、栭（ér）、莦（xiú）等，各类古籍也都极力赞美这些美味的菌类食品，如"香蕈……味甚香美，最为佳品气"，"肌理玉洁，芳香韵味，一发釜鬲，闻于百步"。1977年，河姆渡遗址发掘出与稻谷、酸枣等收集在一起的菌类遗存物，这说明，我国食用蕈菌的历史至少有6000年。《洗冤集录》中提到："手脚指甲及身上青黑者，口鼻内多出血，皮肉多裂，舌与粪门皆露出乃是中药毒、菌蕈毒之状。"宋人彭乘《墨客挥犀》载："菌不可妄食，建宁县山石间忽生菌，大如车盖乡民异之，取以为馔，食者辄死。"美食当前，古人们就有探索精神，无限开发野生蕈菌资源。陈仁玉在公元1245年写了世界上第一部食用菌专著——《菌谱》。《菌谱》共十一卷，翔实地记录了松蕈、竹菌、北方的蘑菇，以及灵芝、茯苓等11种菌菇的产区、性味、形状、品级、生长及采摘时间，具有很高的科技价值，故被编入《四库全书》，并且开创了世界蕈菌学的先河。明代的潘之恒（戏曲评论家、地理学家、诗人，副业"黄山导游"）在此基础上推出了菌类百科2.0版本——《广菌谱》，记录了119种菌菇。而今，经过一代代科研工作者的努力，人们对蕈菌的认知度也越来越高，但总还有一些误区需要澄清，一些发现也需要开展进一步的研究。

　　同时，如此美味的食物当然不能只"靠天"，为了能更方便地享用到这些蕈菌，古人很早就开始了人工栽培的尝试。这也是编者们一直为之努力的方向，目前，羊肚菌、金耳、冷菌等早已实现人工栽培产业化，未来，希望有更多的蕈菌种类变得"亲民"，并发挥出它们的食用、药用价值，造福一方，惠及天下。

华蓉

研究员，现任中华全国供销合作总社昆明食用菌研究所（云南省食用菌产业发展研究院）副所长、副院长，全国行业先进个人，全国科普工作先进工作者，全国科普讲解大赛一等奖获得者，享受云南省政府特殊津贴专家，云南省首届"云岭最美科技人"，云南省食用菌产业专家组专家，云南省技术创新人才，云南省剑川科技特派团团长，云南省科技创新团队"特色食用菌驯化栽培与高值化利用"团队带头人，云南省科技特派员。从事食用菌资源保护、育种栽培、技术推广等工作近 20 年。主持和参与国家级、省部级科研项目 60 余项；参与制（修）订国家、地方食用菌标准 30 余项；在国内外发表论文 60 余篇；主编著作 12 部，其中《画说云南野生菌》获全国科普优秀作品；申请国家发明专利 30 余项；选育省级食用菌新品种 14 个；获省部级成果评价 6 项；获云南省科学技术进步奖一等奖 1 项，中国商业联合会科技进步奖特等奖 1 项、一等奖 3 项、二等奖 2 项、三等奖 1 项。

孙达锋

博士，研究员，现任中华全国供销合作总社昆明食用菌研究所（云南省食用菌产业发展研究院）党委书记、所长、院长，享受国务院特殊津贴专家，云岭学者，国家"十四五"重点研发计划项目首席科学家，云南省委联系专家，云南省产业技术领军人才，《中国食用菌》主编，中国食用菌协会副会长，云南省食用菌协会会长，云南省食用菌产业专家组组长，云南省食用菌标准化技术委员会主任委员，云南省食用菌种质创新与功能成分重点实验室主任。主持和参与国家级、省部级科研项目 60 余项；申请国家发明专利 80 余项；发表论文 100 余篇；主编专著 7 部；制（修）订食用菌标准 30 余项；选育省级食用菌新品种 14 个；获省部级成果 10 余项；获国家发明二等奖 1 项，云南省科学技术进步奖一等奖 1 项、江苏省科技进步奖二等奖 4 项，获中国商业联合会科技进步奖等 20 余项。

刘绍雄

　　副研究员，云南省技术创新人才，云南省食用菌种质创新与功能成分重点实验室副主任，中国菌物学会双孢蘑菇产业分会理事，昆明市农业现代化食用菌产业专家，现任中华全国供销合作总社昆明食用菌研究所菌种与资源研究中心主任，从事食用菌资源、育种、栽培研究及技术推广工作10余年。主持和参与国家级、省部级科研项目40余项；主编专著4部，参编4部；发表论文50余篇；申请国家发明专利20余项；选育省级食用菌新品种11个；制（修）订食用菌标准10项；获云南省科技进步一等奖1项，中国商业联合会科学技术进步奖特等奖1项、一等奖2项、科技成果评价5项。

魏健生

　　博士，高级工程师，云南哈巴雪山省级自然保护区管护局副局长，全国科普工作先进工作者，云南省科技特派员，"云岭百姓"宣讲团成员。长期从事珍稀濒危植物保护及可持续利用等科研工作，曾获全国科普讲解大赛一等奖及"全国十佳科普使者"称号，主持和参与省部级科研项目9项；发表论文5篇；获授权国家发明专利2项。

横断山绿绒蒿

长叶绿绒蒿

滇金丝猴

白马雪山——普金浪巴

全缘叶绿绒蒿

宽叶绿绒蒿极其周边

宽叶绿绒蒿

离褶伞

羊肚菌

尖顶羊肚菌

普达措

金沙江